茅以升全集

MAOYISHENG QUANJI

【第8卷】

茅以升画传

◎北京茅以升科技教育基金会 主编

天津出版传媒集团
天津教育出版社
TIANJIN EDUCATION PRESS

图书在版编目（CIP）数据

茅以升画传 / 北京茅以升科技教育基金会主编. --
天津 : 天津教育出版社, 2015.12
（茅以升全集; 8）
ISBN 978-7-5309-7825-2

Ⅰ. ①茅… Ⅱ. ①北… Ⅲ. ①茅以升（1896～1989）
—传记—画册 Ⅳ. ①K826.16-64

中国版本图书馆CIP数据核字（2015）第183885号

茅以升全集 第8卷 茅以升画传

出 版 人	胡振泰
主　　编	北京茅以升科技教育基金会
选题策划	田　昕
责任编辑	孙丽业
装帧设计	郭亚非
出版发行	天津出版传媒集团 天津教育出版社 天津市和平区西康路35号　邮政编码　300051 http://www.tjeph.com.cn
经　　销	新华书店
印　　刷	北京雅昌艺术印刷有限公司
版　　次	2015年12月第1版
印　　次	2015年12月第1次印刷
规　　格	32开（880毫米×1230毫米）
字　　数	180千字
印　　张	9
印　　数	2000
定　　价	45.00元

出版说明

《茅以升全集》的第八卷《茅以升画传》，是展现桥梁专家茅以升人生足迹和科学风采的一本图集。本卷按图片内容分为三个部分：人生足迹、社会工作和桥梁工程。

本卷中所选照片不仅包括茅老和家人、学生、朋友、身边的工作人员以及热情的来访者的合影，还有茅老出席会议、发表讲话、视察建桥现场的足迹，但是如果仅此而已，那么这本画传和影集有什么区别呢？因之除此以外，我们还选入了许多珍贵的手稿照片以飨读者，这些手稿均为首次出版，有的是写在纸边的只言片语，有的是对专业理论的认真总结，还有的手稿因各种原因或残缺不全，或有所损毁，无法做文字录入，因此在这里以图片形式呈现出来。这些手稿照片既可以作为文稿的补充，也可以和文稿互印。有了它们，这本画传变得立体而生动。

要让图片会说话，不是简单罗列就可以的，每一张照片、每一份手稿后面都有一个鲜为人知的故事，讲述图片背后的故事才是我们编选这本画传的初衷。

茅以升的一生始终与桥梁紧密相连，他的一生是奋斗不息的一生，茅老到晚年曾说：“人生一征途耳，其长百年，我已走过十之七八，回首前尘，历历在目，崎岖多于平坦，忽深谷，忽洪涛，幸赖桥梁以渡，桥何名欤？曰‘奋斗’。”他的一生正是对这一段话最好的践行。通过这些经历过沧桑的图片资料，追思遗范，轸念勋劳，真正让读者感受到这位科学大师伟大、平凡而传奇的一生。

《茅以升全集》编辑委员会

2014年8月

目录

RenSheng ZuJi

人生足迹

人生一征途耳

茅以升

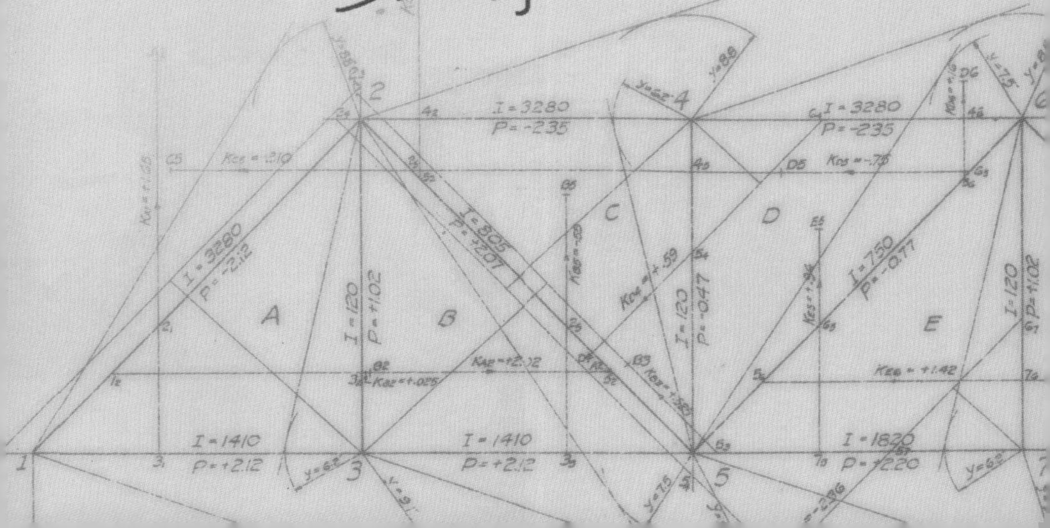

茅以升（1896–1989）

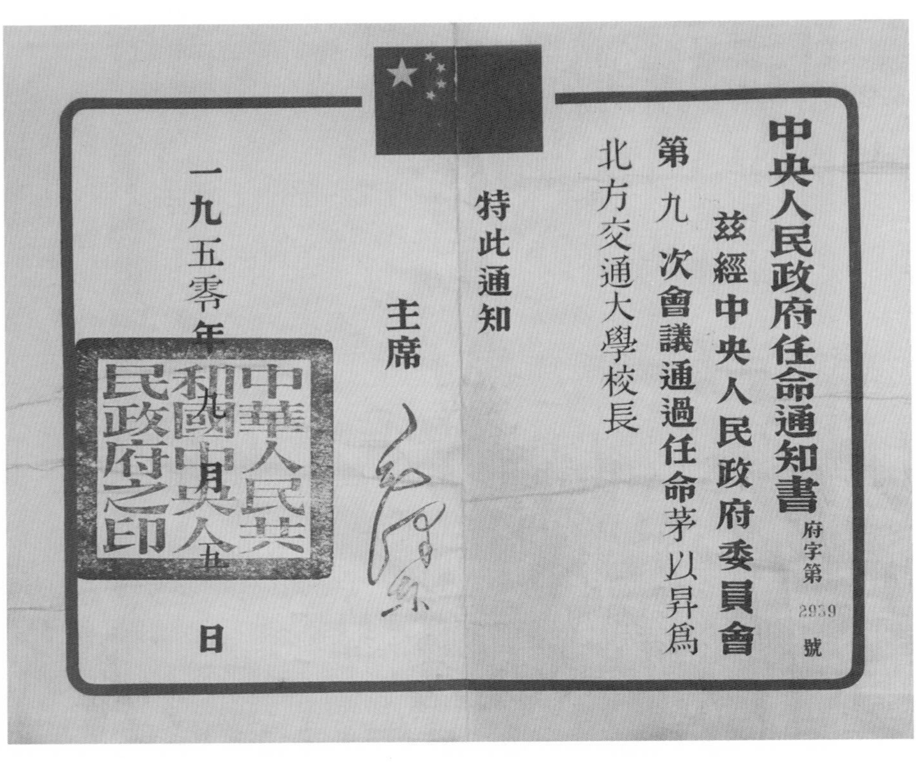

中央人民政府任命通知書

府字第 2939 號

茲經中央人民政府委員會

第 九 次會議通過任命茅以昇爲

北方交通大學校長

特此通知

主席 毛澤東

一九五零年九月五日

中華人民共和國中央人民政府之印

□ 1950年，由毛泽东主席亲自签署的茅以升为北方交通大学校长任命书

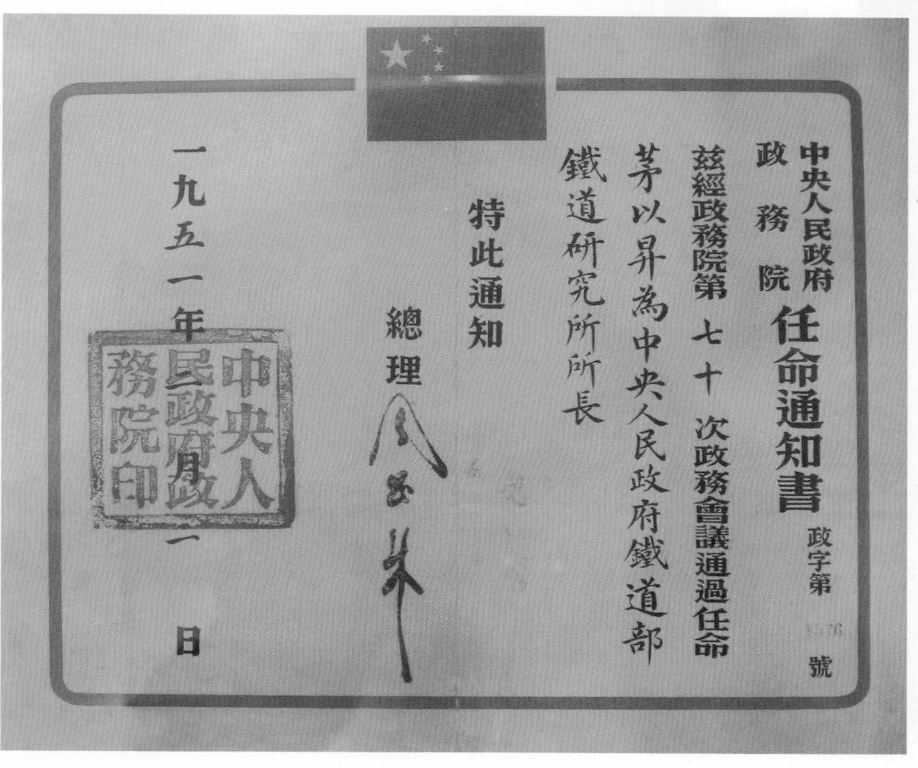

中央人民政府政務院任命通知書

政字第　　號

茲經政務院第七十次政務會議通過任命

茅以昇為中央人民政府鐵道部

鐵道研究所所長

特此通知

總理　周恩來

一九五一年　月　日

中央人民政府政務院印

□ 1951年，由周恩来总理亲自签署的茅以升为铁道部铁道研究所所长的任命书

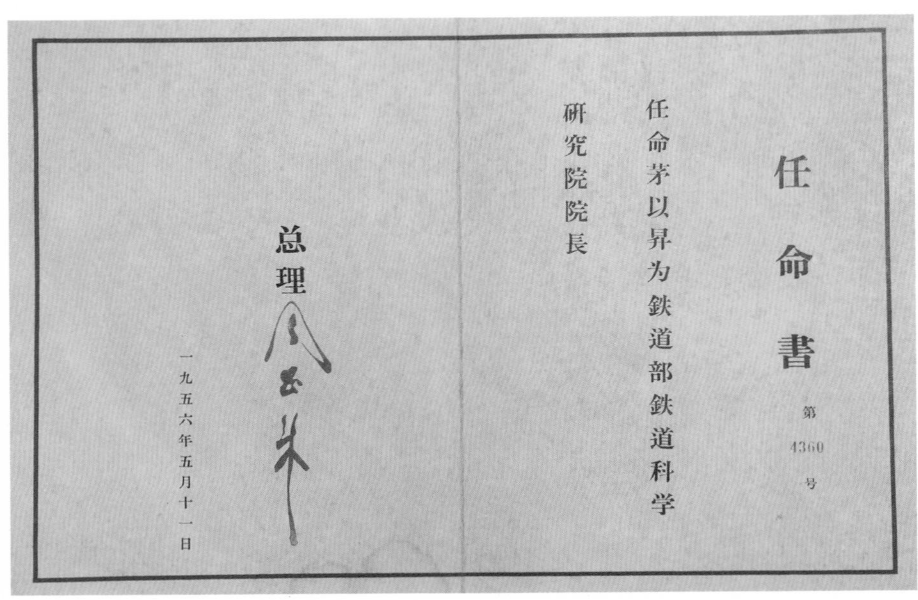

任命書

第4360号

任命茅以昇为鉄道部鉄道科学研究院院長

总理

一九五六年五月十一日

□ 1956年，由周恩来总理亲自签署的茅以升为铁道部铁道科学研究院院长的任命书

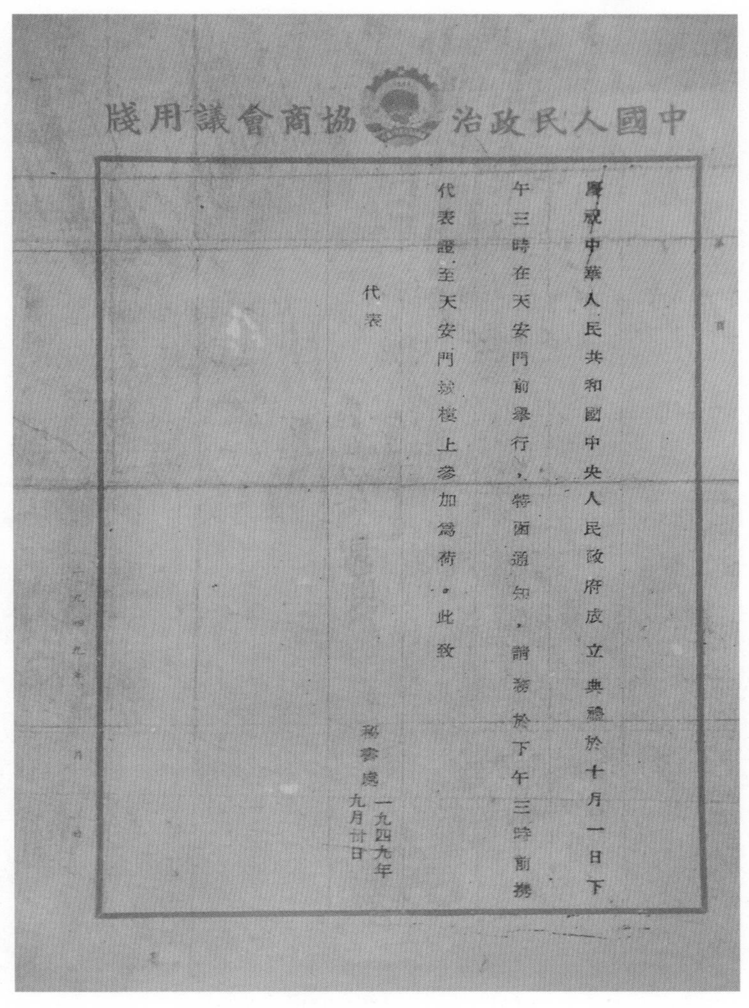

中國人民政治協商會議用牋

慶祝中華人民共和國中央人民政府成立典禮於十月一日下午三時在天安門前舉行，特函通知，請務於下午三時前携代表證至天安門城樓上參加為荷。此致

代表

秘書處

一九四九年九月廿日

□ 1949年9月，茅以升收到了这份开国大典通知函

畢業證書

學生茅以昇係江蘇省丹徒縣人現年二十二歲在本校土木工程科修業期滿考查成績及格准予畢業此證

交通部唐山工業專門學校校長趙士北

中華民國五年七月四日

□ 唐山工业专门学校毕业证

交通部唐山工業專門學校

CHINESE GOVERNMENT ENGINEERING COLLEGE

TANGSHAN, NORTH CHINA.

第四年級	品行	水力工程主課	鐵路工程主課	構造高規主課	地基工程主課	天文測地理	鐵路管理	工程材料	畢業論文	總分	寔得平均分數	次第
曾昌曹	80	62	67	78	64	75	70	60	80	636	70.7	12
楊毓壁	80	77	68	77	79	78	52	72	70	653	72.5	8
藍 田	85	64	60	74	69	68	52	45	65	582	64.7	15
周銘波	80	67	73	80	70	72	75	73	70	660	73.3	7
曾始流	80	60	69	77	74	66	60	79	75	640	71.1	9
阮宗和	80	69	88	87	95	70	88	80	85	742	82.4	5
茅以昇	80	87	96	96	98	96	95	90	90	828	92.0	1
陸以燕	80	61	60	71	66	69	71	59	75	612	68.0	14
楊昌頤	80	82	70	79	77	73	78	77	80	696	77.3	6
王純俊	80	78	88	82	94	85	80	79	85	751	83.4	4
李家璋	80	60	68	62	72	67	48	41	70	568	63.1	16
程耀長	80	67	72	78	71	86	45	70	70	639	71.0	11
黃慶沂	80	60	67	80	76	69	74	59	75	640	71.1	10
華錫年	80	75	83	91	96	85	78	88	80	756	84.0	3
史[illegible]翼	85	80	84	93	97	86	75	79	80	759	84.3	2
[illegible]	[illegible]	[illegible]	[illegible]	[illegible]	[illegible]	[illegible]	[illegible]	[illegible]	[illegible]	621	69.0	13

□ 在唐山工业专门学校的成绩单，名列第一

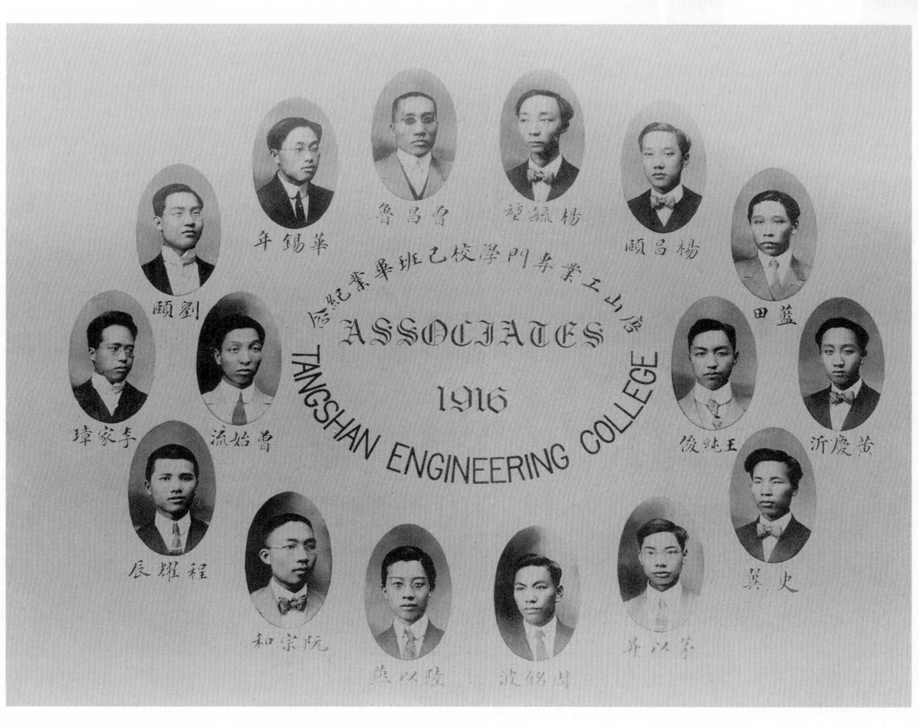

□ 唐山工业专门学校毕业纪念照

The Trustees of Cornell University, at Ithaca, in the State of New York, to all and to each to whom these Letters may come,

Greeting:

Whereas, the Faculty of the Graduate School has recommended to us

Thomson Mao

as having pursued the Studies and satisfactorily passed the Examinations required for that Honor: We therefore, by virtue of the Authority in us vested, do hereby certify thereto, and confer on him the Degree of

Master of Civil Engineering

with all the Rights, Privileges, and Honors here or elsewhere thereunto appertaining.

In Witness Whereof, the Seal of the University and the Signature of the President thereof are hereunto affixed.

Given at Ithaca, on the Twenty-seventh Day of June, in the Year of Our Lord One Thousand Nine Hundred and Seventeen, of the Republic the One Hundred and Forty-first, and of the University the Forty-ninth

President.

□ 美国康奈尔大学授予的工程学硕士证书

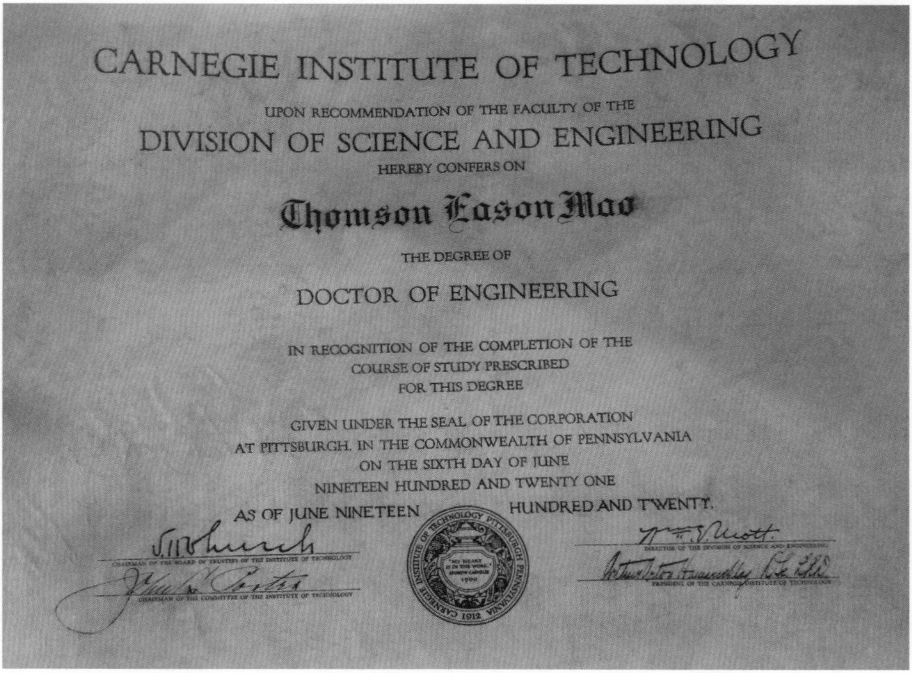

CARNEGIE INSTITUTE OF TECHNOLOGY

UPON RECOMMENDATION OF THE FACULTY OF THE

DIVISION OF SCIENCE AND ENGINEERING

HEREBY CONFERS ON

Thomson Eason Mao

THE DEGREE OF

DOCTOR OF ENGINEERING

IN RECOGNITION OF THE COMPLETION OF THE
COURSE OF STUDY PRESCRIBED
FOR THIS DEGREE

GIVEN UNDER THE SEAL OF THE CORPORATION
AT PITTSBURGH, IN THE COMMONWEALTH OF PENNSYLVANIA
ON THE SIXTH DAY OF JUNE
NINETEEN HUNDRED AND TWENTY ONE
AS OF JUNE NINETEEN HUNDRED AND TWENTY.

CHAIRMAN OF THE BOARD OF TRUSTEES OF THE INSTITUTE OF TECHNOLOGY

CHAIRMAN OF THE COMMITTEE OF THE INSTITUTE OF TECHNOLOGY

DIRECTOR OF THE DIVISION OF SCIENCE AND ENGINEERING

PRESIDENT OF THE CARNEGIE INSTITUTE OF TECHNOLOGY

□ 美国卡内基—梅隆大学授予的工程学博士证书

南加州中華科工學會

Chinese-American Engineers and Scientists Association
of
Southern California

Presents This
Special Award
To
Doctor Mao, Yi-Sheng

In Recognition of His Distinguished Contributions
and Services To The
Advancement of Science, Engineering
and Management

June 11, 1986

SUI-AN FUNG
Chairman, Honors and Awards Committee

CHIEH SUN
Chairman, Board of Directors

SHUI-LIN CHAO
President

□ 美国南加州中华科工学会
颁发的铜质荣誉章

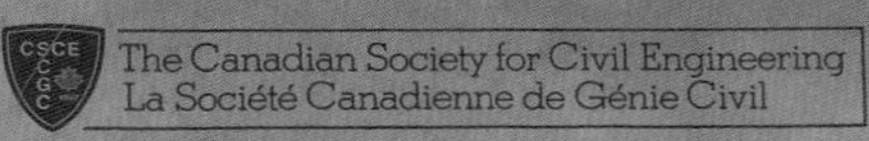

CSCE CGC
The Canadian Society for Civil Engineering
La Société Canadienne de Génie Civil

The distinction of | La mention de

HONORARY MEMBERSHIP

has been conferred on | a été décernée à

MAO YI-SHENG 茅以升

by the Board of Directors in recognition of his excellence in civil engineering.

par le conseil d'administration en reconnaissance de son excellence en génie civil.

Saeed Mirza
Executive Director/Directeur exécutif

Ira M. Beattie
President/Président

□ 加拿大土木工程学会授予的荣誉会员证书

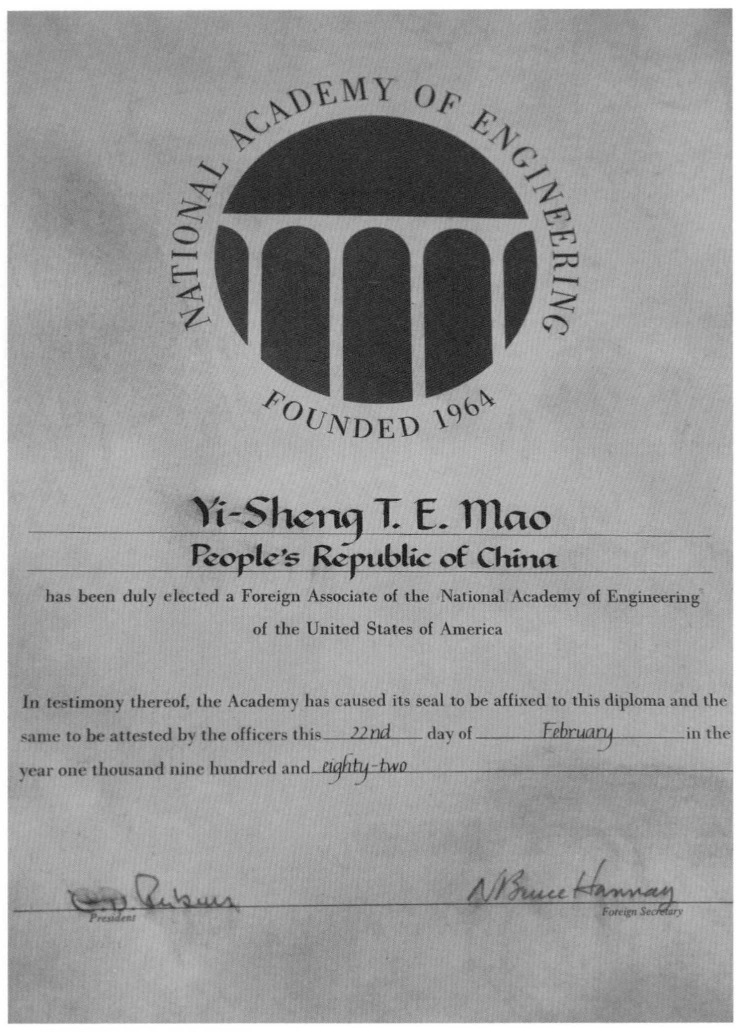

NATIONAL ACADEMY OF ENGINEERING

FOUNDED 1964

Yi-Sheng T. E. Mao

People's Republic of China

has been duly elected a Foreign Associate of the National Academy of Engineering of the United States of America

In testimony thereof, the Academy has caused its seal to be affixed to this diploma and the same to be attested by the officers this 22nd day of February in the year one thousand nine hundred and eighty-two

President

N Bruce Hannay

Foreign Secretary

□ 美国国家工程科学院外籍院士证书

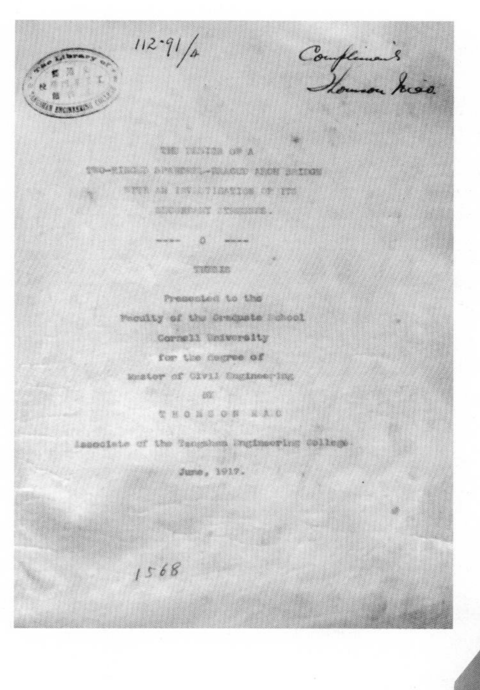

Compliments
Thomson Mao

THE DESIGN OF A
TWO-HINGED SPANDREL-BRACED ARCH BRIDGE
WITH AN INVESTIGATION OF ITS
SECONDARY STRESSES.

---- 0 ----

THESIS

Presented to the
Faculty of the Graduate School
Cornell University
for the Degree of
Master of Civil Engineering
BY
T H O M S O N M A O

Associate of the Tangshan Engineering College.

June, 1917.

□ 茅以升留赠母校西南交通大学硕士论文副本

Correct Copy.

SECONDARY STRESSES IN BRIDGE TRUSSES

Introducing

The Graphic Method of Deformation Contour

and

Its Analytic Solution with Scientific Arrangement of Computations

An Abstract of a THESIS Presented to the
Division of Science and Engineering
for the degree of
DOCTOR OF ENGINEERING

BY

THOMSON EASON MAO

Carnegie Institute of Technology
Pittsburgh, Pa., U. S. A.

1919

□ 茅以升博士论文封面

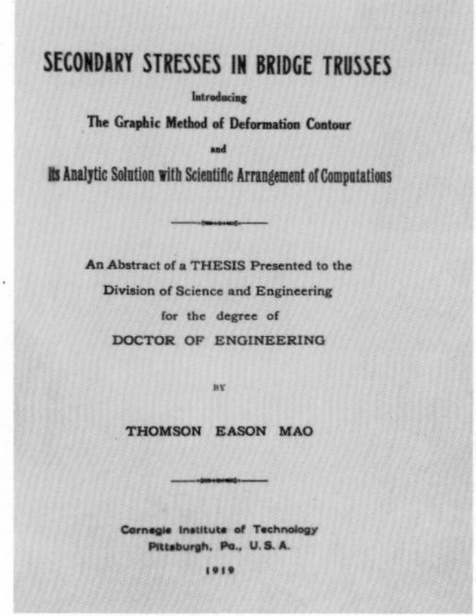

SECONDARY STRESSES IN BRIDGE TRUSSES

Introducing

The Graphic Method of Deformation Contour

and

Its Analytic Solution with Scientific Arrangement of Computations

An Abstract of a THESIS Presented to the
Division of Science and Engineering
for the degree of
DOCTOR OF ENGINEERING

BY

THOMSON EASON MAO

Carnegie Institute of Technology
Pittsburgh, Pa., U. S. A.

1919

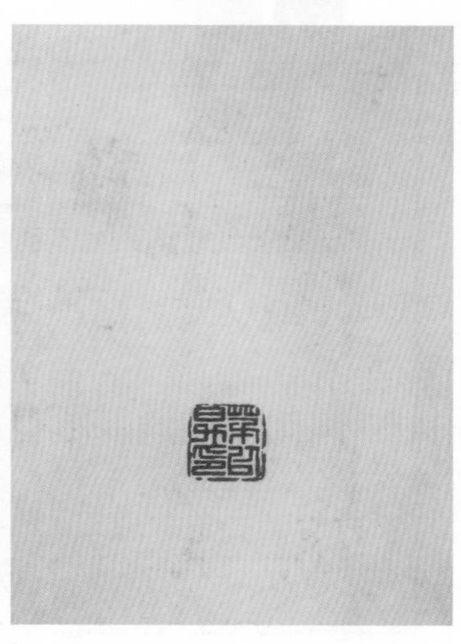

□ 博士论文扉页及签章

□ 欧美同学会会员证

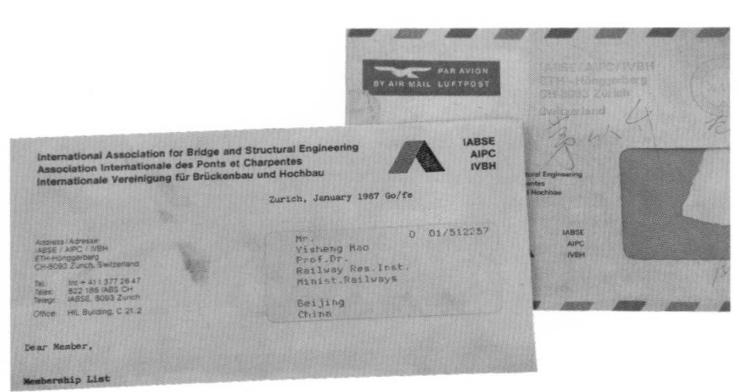

□ 瑞士国际桥梁建筑工程协会邀请茅以升做顾问的信

Form 535

McCLINTIC-MARSHALL CONSTRUCTION CO.

AGREEMENT
WITH COLLEGE GRADUATES

(Date) June 25, 1917

I, a graduate of Cornell University of the year 1917 (M.C.E.) agree to serve with the McClintic-Marshall Construction Co. for a period of two and one-half ($2\frac{1}{2}$) years under the terms and conditions given below.

Thomson Mao.

Accepted:
McCLINTIC-MARSHALL CONSTRUCTION CO.
Per R. A. Pendergrass
Date July 5 1917

The compensation of College Graduates will be as follows:

First Six Months	....	$75.00	per month
Second "	....	80.00	"
Third "	....	85.00	"
Fourth "	....	90.00	"
Fifth "	....	100.00	"

In addition to this, a Bonus of $10.00 per month will be paid to any College Graduate who has successfully served the two and one-half years, at the termination of this service. If a College Graduate resigns before the two and one-half years are up or is discharged for cause, the Bonus will be forfeited. If, however, business conditions make a suspension or discharge necessary, the Bonus accumulated up to the time of the suspension or discharge will be paid.

As far as business conditions permit, the Company will aim to give the College Graduates the following experience:

Six to twelve months in the Drawing Room in detailing.
Six to twelve months in the Engineering Dept. in estimating and designing.
About six months in the shop.
About six months in the field.

Effective July 1, 1918, the rates of compensation will be changed from $75.00, $80.00, $85.00, $90.00 and $100.00, - to $100.00, $105.00, $110.00 $120.00 and $130.00 per month for the five successive periods.

□ 在美国求学期间与匹兹堡桥梁公司签订的实习合同

茅以升同志：

值此一九八二年春节即将来临之际，我们谨向您和您的家属，表示节日的祝贺和亲切的慰问。

当前，我国政治经济形势很好，政治上进一步安定，经济上调整很有成效，国民经济已开始走上稳步发展的道路，前景光明。

过去的一年里，在党中央和国务院的领导下，全路各级党组织和广大职工，认真贯彻执行党的三中全会以来的路线、方针、政策，战胜了历史上罕见的洪水灾害，已经分别提前二十九天和二十三天完成了一九八一年的客货运输计划，各项工作也都在稳步地向前发展。这些成绩的取得，是和广大老干部、老战士发挥的骨干作用分不开的。

在新的一年里，我们担负的铁路客货运输任务，十分繁重，特别是基建任务则较去年有了大幅度的增长。铁路的前景和全国一样，是个振兴的局面，发展的局面。我们一定要深入学习和贯彻党的十一届六中全会和五届人大四次会议精神，振奋精神，加强领导，严格纪律，改善管理，保证完成和超额完成国家交给我们的运输生产建设计划。

全路老干部、老战士是党的宝贵财富，在革命战争年代和铁路建设事业中，为人民立下了功劳，为新一代人的成长做出了榜样。今天，有的同志因年事已高，退居二、三线，有的因病休养，但是仍然关心铁路运输生产，关心接班人的选拔培养，做力所能及的工作。我们深信，铁路广大的老干部、老战士，一定能够进一步发扬党的光荣传统和作风，搞好传帮带，在建设社会主义物质文明和精神文明中作出新的贡献！

祝

节日愉快，身体健康！

铁道部
铁道部政治部
中华全国铁路总工会
共青团全国铁道委员会
中国铁路老战士协会
一九八二年一月十日

□ 1982年，铁道部给茅以升的慰问信

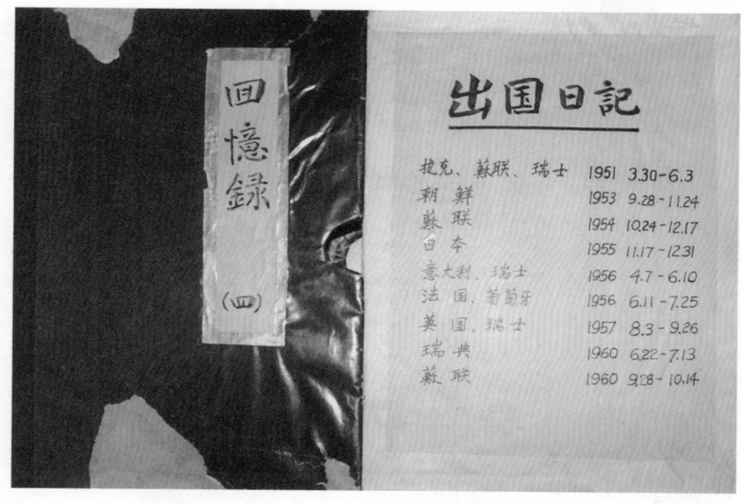
回憶録
（四）
出国日記
捷克、蘇联、瑞士 1951 3.30-6.3
朝鲜 1953 9.28-11.24
蘇联 1954 10.24-12.17
日本 1955 11.17-12.31
意大利、瑞士 1956 4.7-6.10
法国、葡萄牙 1956 6.11-7.25
英国、瑞士 1957 8.3-9.26
瑞典 1960 6.22-7.13
蘇联 1960 9.28-10.14

□ 出国日记手稿

□ 生活组照 / 1

□ 生活组照 / 2

□ 1985年，游览山东孔庙，在正在修葺的大成殿前留影

□ 在山海关前

□ 在铁道部科学研究院大门前

□ 吸着钟爱的烟斗正在沉思

□ 《人民日报》记者摄于1985年12月29日

□ 少年时的茅以升（后排右一）与父母兄弟

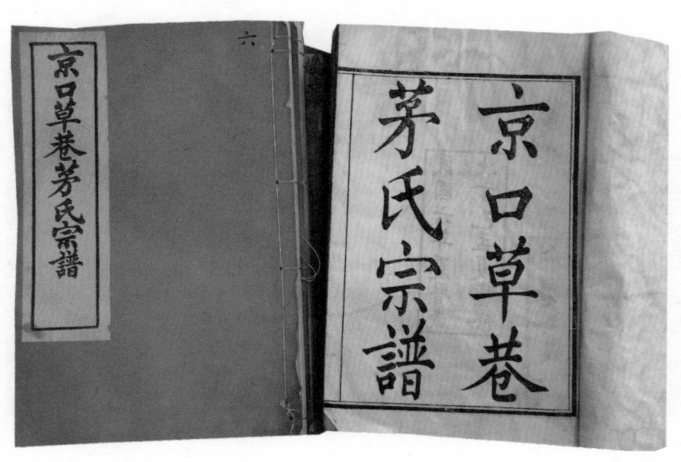

□ 茅氏宗谱（共十卷），茅氏家族自南宋末年定居丹徒（今镇江市），到茅以升已是第三十代

□ 1978年的全家福

□ 和小孙女一起读书

□ 在书房和女儿交谈

□ 和女儿茅玉麟在一起

□ 在堂妹家中和堂妹、妹夫合影

□ 在杭州小住，和身边的工作人员

□ 1979年在家中接待画家蒋兆和

□ 蒋兆和及夫人肖琼拜访茅以升

□ 与家乡人在一起

□ 漫画像

□ 庆祝茅以升九十寿辰宴会

□ 在九十寿辰宴会上

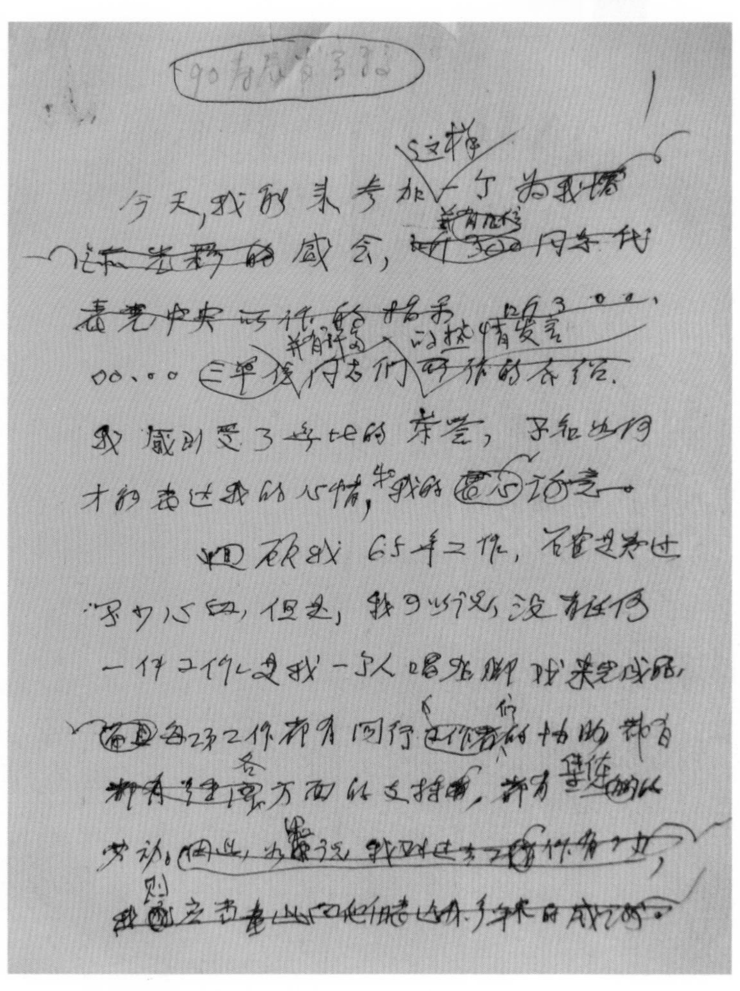
90寿辰发言稿

今天，我能来参加这样一个为我……的盛会，……

我感到受了无比的荣誉，不知如何才能表达我的心情，和我的衷心谢意。

回顾我65年工作，可算是花过不少心血，但是，我可以说，没有任何一件工作是我一个人唱独脚戏来完成的，每项工作都有同行的协助，都有各方面的支持，都有集体的劳动。

□ 九十寿辰发言稿草稿 / 1

□ 九十寿辰发言稿草稿 / 2

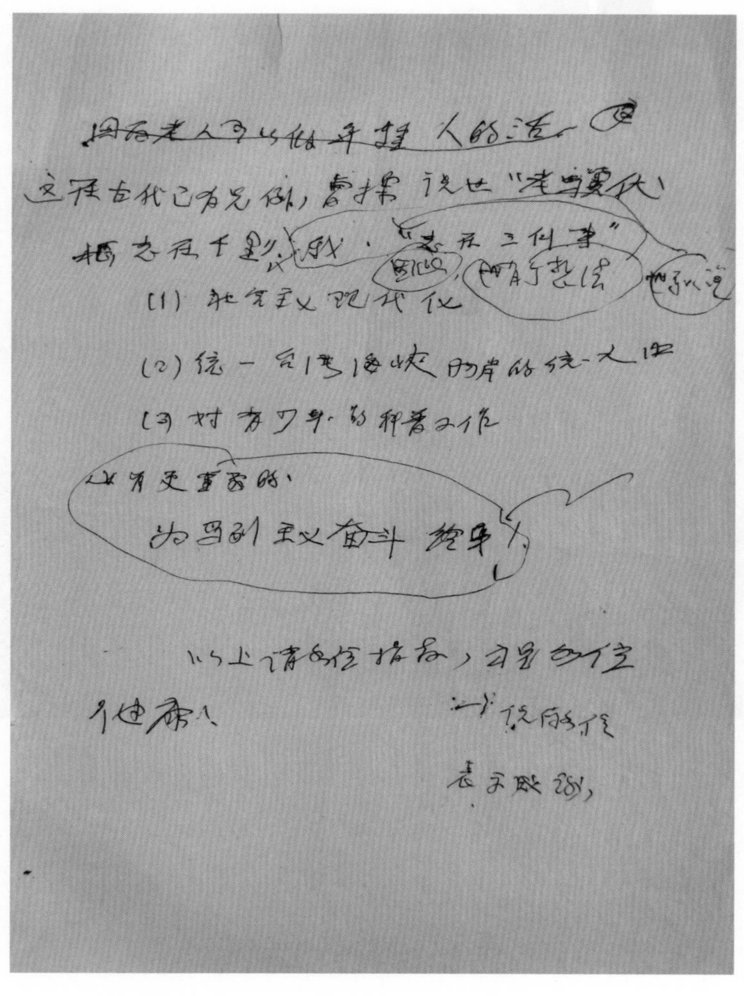

这在古代已有先例，曹操说过"老骥伏枥，志在千里"。我"还有三件事"

(1) 社会主义现代化

(2) 统一台湾海峡两岸的统一大业

(3) 对青少年的科普工作

以有更重要的，

为马列主义奋斗终身。

以上请各位指教，祝各位健康。

□ 九十寿辰发言稿草稿 / 3

□ 1987年10月12日，经全国政协主席邓颖超、九三学社中央主席许德珩介绍，时已91岁的茅以升（前排右二）加入中国共产党

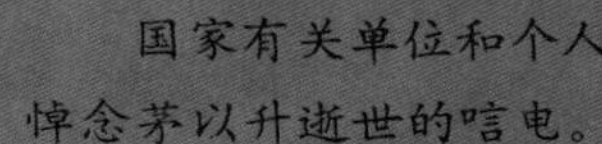

明传电报

韩培信

发往　　签发 陈焕友

等级 特急　发电号传发714　收电号

唁电

全国政协：

惊悉六届全国政协副主席、九三学社中央委员会名誉主席、中国科学技术协会全国委员会名誉主席茅以升同志不幸逝世，我们为失去这样一位令人尊敬和爱戴的社会活动家、著名科学家而不胜悲痛，谨表示深切的哀悼，并向茅以升同志的亲属致以真挚的慰问。

茅以升同志毕生追求真理，献身祖国的科学和进步事业，为发展我国的桥梁科学和桥梁建设事业作出了卓越的贡献。他的爱国主义精神、严谨的治学态度和崇高的思想品德，永远值得我们学习。

茅以升同志是我省镇江市人，他生前对家乡的社会主义建设曾予以热情的关心和支持，江苏人民将永远怀念他。

中共江苏省委办公厅机要处

— 1 —

□ 1989年11月12日，茅以升在京病逝。11月27日，党和国家领导人前往八宝山革命公墓大礼堂参加了遗体告别仪式

向茅以升同志遗体告别

（签到簿）

一九八九年十一月二十七日于北京八宝山

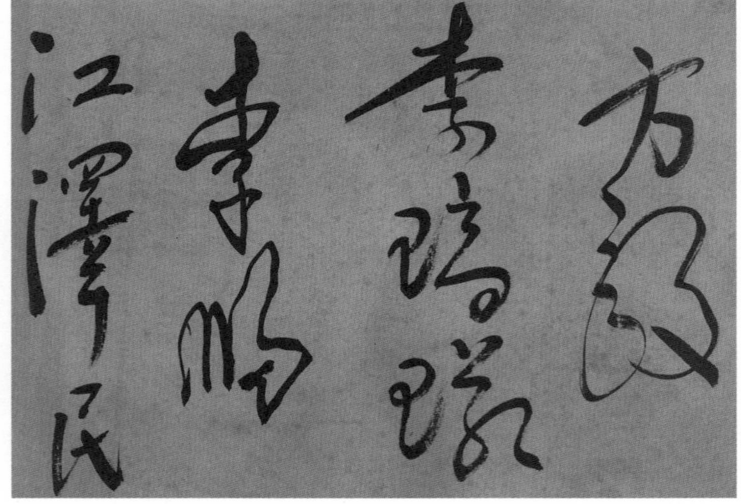

国家领导人来电慰问悼念

姓名	单位	通讯地址（邮政编码）	电话
习仲勋	秘书来电话表示慰问，准备参加追悼会 11月14日.		
邓颖超	秘书赵伟 11:25 来电话表示、慰问 11月14日.		
严济慈	本人来电话表示慰问 1:05. 11.14日		
钱伟长	来电话由民盟中央转达，对茅老慰问		

送花圈悼念名单留存

顺号	单位及姓名	顺号	单位及姓名
1	中国共产党中央委员会	11	杨尚昆
2	国务院	12	李鹏
3	全国人民代表大会常务委员会	13	邓颖超
4	中共中央顾问委员会	14	姚依林
5	中共中央纪律检查委员会	15	宋平
6	中共中央统战部	16	李瑞环
7	中共中央组织部	17	李先念
8	中国人民政治协商会议全国委员会	18	万里
9	江泽民	19	乔石
10	邓小平	20	陈云

矛盾的同一性　71/6

1) 运动是物质存在的形式。凡是"动"必有"主动"与"被动"，这就构成一对矛盾。而主动与被动永远是斗争，~~这是~~而且是绝对的，无条件的。

2) 必须相互依赖，才能构成统一体（鸡蛋与石头不能），既然相互依赖，必有联系对立面的东西，而这联系必然有一定的限制性定额，在双方斗争时，这定额不变，一方增加，另一方必然减少，其结果每一方趋向对方。好像能量守恒，在斗争时，能量不变，不能双方都增加或减少（则能量总数要增加或减少）只能一方增加，一方减少，才能使能量守恒。

所谓联系即条件，为物质限制，主动思想水平，时势要求（抗日），等都有一定的限制（吸取和排泄一定指一定的数量的）

一高一低不能双方都变得更高或更低而只能高的变低的，低的变高的，维持联系物的守恒，像能量。

(4) 斗争性与同一性就为运动与平衡，运动是绝对的，平衡是相对的，暂时的。平衡是维持能量守恒的形式。

(3) 同一性是相对的，因为条件不是固定的，斗争性是绝对的，因为运动是不停止的。

北京市电车公司印刷厂出品　六九·九

□《矛盾的同一性》草稿

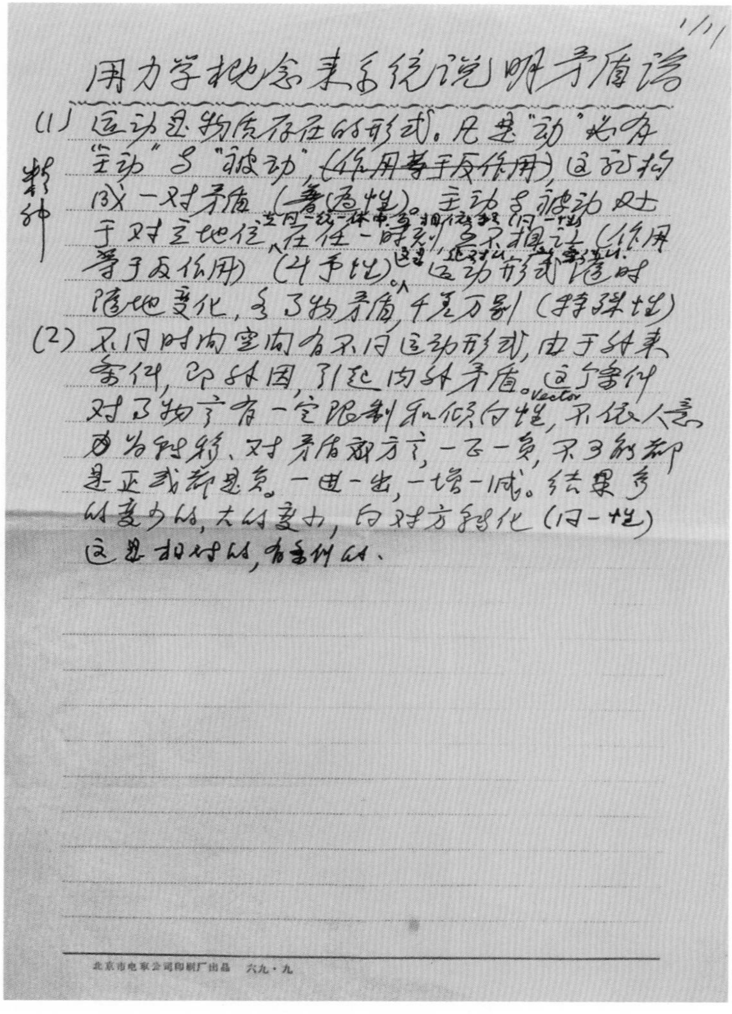

用力学概念来系统说明矛盾论

(1) 运动是物质存在的形式。凡是"动"必有"主动"与"被动"，~~(作用等于反作用)~~，这就构成一对矛盾（普遍性）。主动与被动处于对立地位，在任一时刻总不相等（作用等于反作用）（斗争性）。运动形式随时随地变化，所以物矛盾千差万别（特殊性）

(2) 不同时间空间有不同运动形式，由于外来条件，即外因，引起内外矛盾。这个条件对于物体有一定限制和方向性（vector），不依人意为转移。对矛盾双方说，一正一负，不可能都是正或都是负。一出一进，一增一减。结果多的变少的，大的变小，向对方转化（同一性）这是相对的，有条件的。

□ 《用力学概念来系统说明矛盾论》草稿

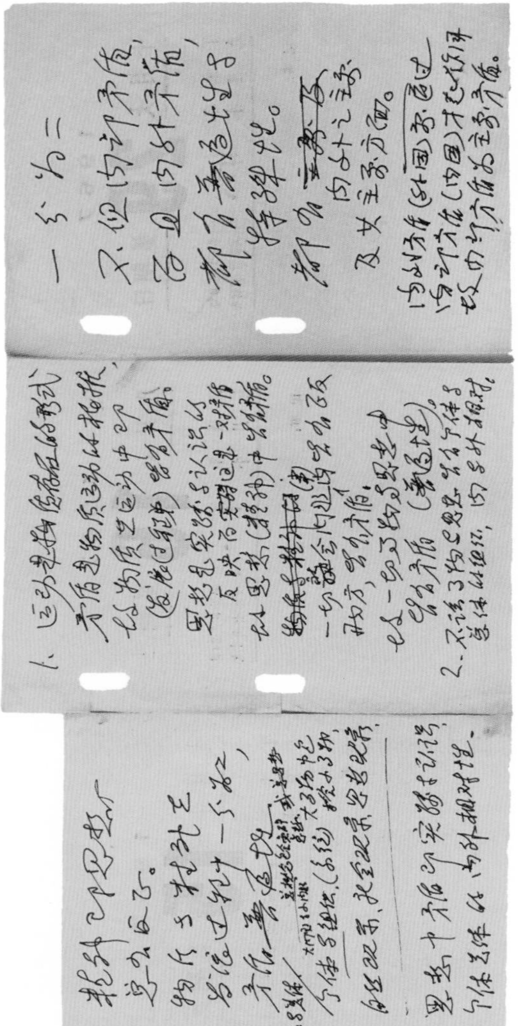

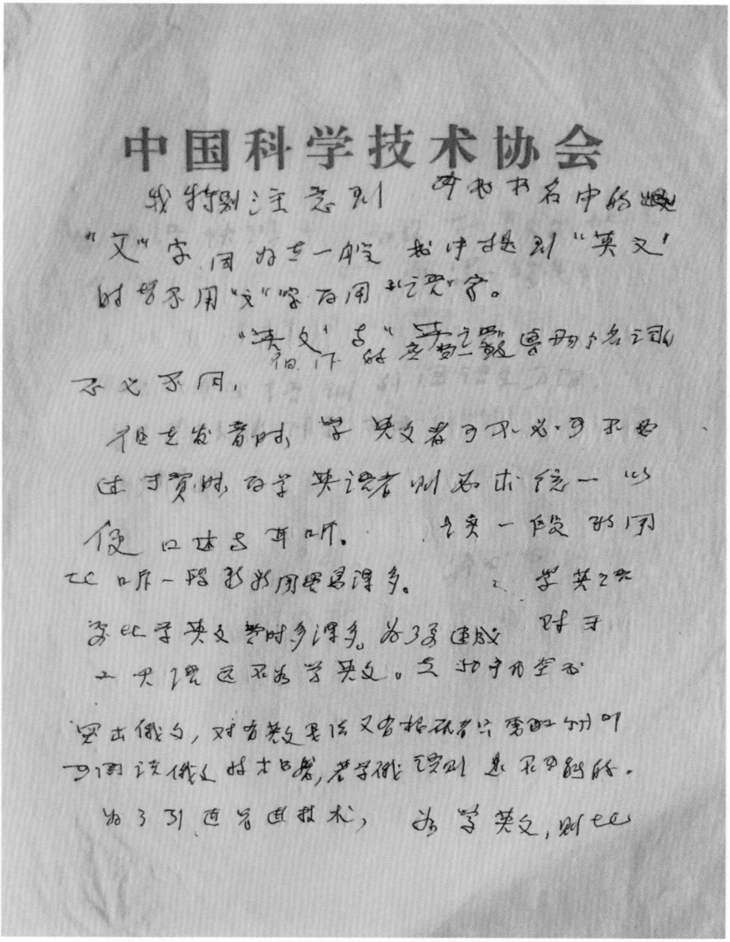
中国科学技术协会

□ 闭目所书

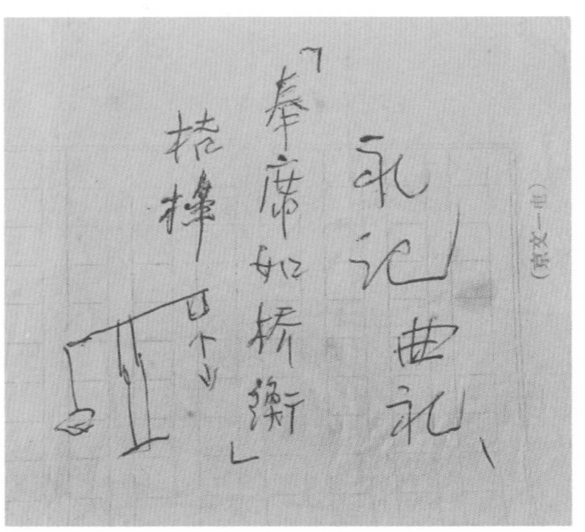

奉席如桥衡

办公厅：

18日散会后，在我大衣口袋中，忽然发现有眼镜一付，想系出席会议的委员中，有人误放，兹将眼镜送上，请设法转知失主为荷。

敬礼

茅以升 3/19

马株卿 21/3

交失物函

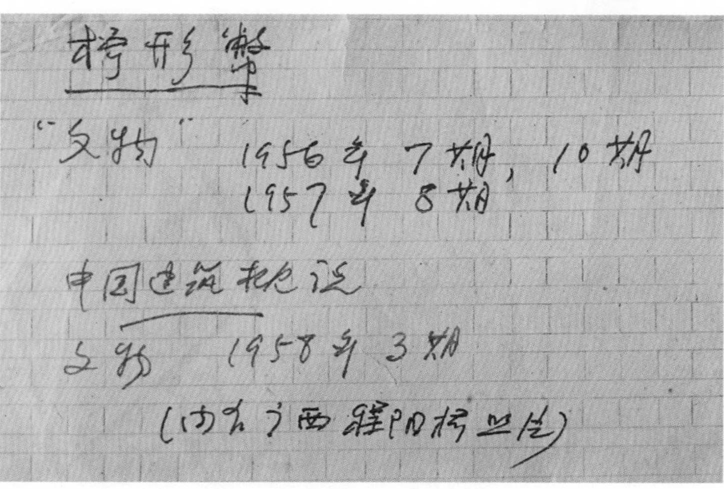

“文物” 1956年7期，10期
1957年8期

文物 1958年3期

□ 便笺

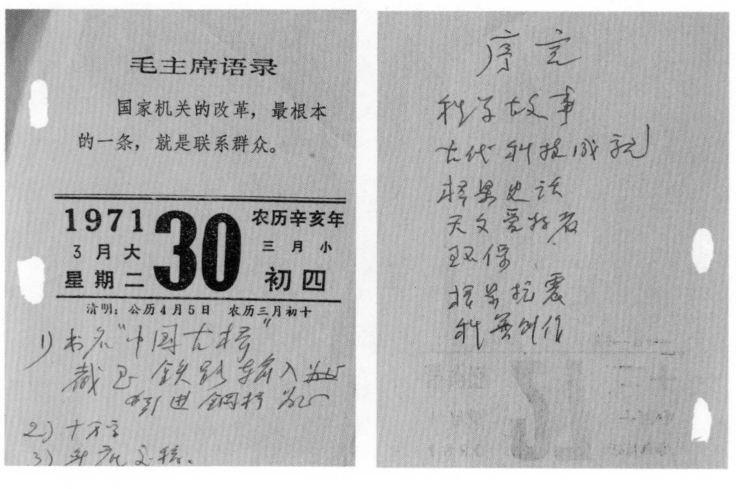

毛主席语录

国家机关的改革，最根本的一条，就是联系群众。

1971 3 月 大 星期二	30	农历辛亥年 三 月 小 初四

清明：公历4月5日　农历三月初十

□ 日历记事

耀邦同志：

党中央指示"经济建设依靠科学技术，科学技术面向经济建设"，而要贯彻执行，必须普遍提高人民群众的科学技术水平。提高的方法除学校教育外，最有效的方法为设立"科学技术馆"（一名科学技术实验馆），任参观者自行进行试验，加强教育。

世界上工业发达国家都有几所至几百所"科学技术馆"。从79年开始，中国科协即成立中国科技馆筹备委员会，"今年列入"6.5计划"，请教……希望。现在，中国科技馆的全体职工，恳切希望：对于建立中科技馆

□ 给胡耀邦同志的信

1971年，76岁高龄的茅以升写下《征途三忆》。7月，《忆人篇·齐眉回忆》毕；9月，《忆地篇·留美回忆》《忆时篇·童年回忆》毕，凡十四万字。

人至暮年，回忆往昔岁月，有意气风发，也有崎岖坎坷……

征途三憶

人生一征途耳，其長百年，我已走过十之七八，回首前塵，历历在目，崎岖多於平坦，忽深谷，忽洪涛，幸賴橋梁以渡，橋何名歟，曰奋斗，为書《三憶》留念，憶时、憶地、憶人。

以昇 74，2月

[illegible]三叔周台尚，名乃仁，是年任南京下关商埠局局長。二三叔气势煊赫，出入皆马車，我母俭朴仍旧，持家有方，蕙君深受涵濡。时二叔及婶陆氏有一女以淑，一子以元，三叔及婶刘氏有一子以农，其后有女以珉。

这年秋，孙中山先生来唐山路矿学堂参观，与全校师生合摄一影，我得列队为荣。

[illegible]京寓，全家惜别。君周旋亲族，[illegible]。

暑假毕，我返唐校，升入本科一年级，课业日见艰深。我订出自修计划，将学习时间分配于各门功课，遂得应付裕如，考试仍列榜首。同学中识萧增煦（后改名增林）、陈以迭、王[illegible]冰、陈伊、过[illegible]等人，订为终身至友。

蕙君经常来信，报道全家消息，有时代转双亲教诲，坚嘱专心学业，勿以私情为念。

是年十二月（十三日），大嫂（在郴州）生侄女松文，君在宁照料，并帮带松[illegible]，备极勋劳。松文出生前一日，君梦有老人送子，醒来果然得信，故对松文尤为钟爱。这时大兄任上海中报驻宁通讯员。

□《征途三忆》部分手稿

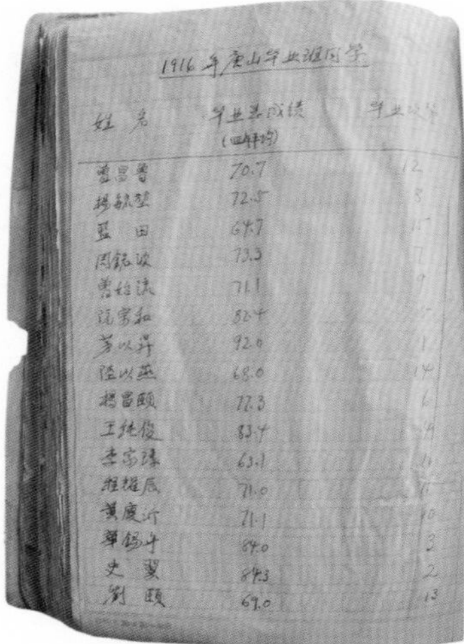

1916年唐山毕业班同学

姓名	毕业总成绩（四年平均）	毕业名次
曹昌鲁	70.7	12
杨毓璧	72.5	8
聂田	64.7	15
周銘政	73.3	7
曹始浈	71.1	9
阮宗和	82.4	5
茅以升	92.0	1
陆以燕	68.0	14
杨曾颐	77.3	6
王继俊	83.4	4
李宗瑹	63.1	16
程耀辰	71.0	11
黄庚沂	71.1	10
谭锡升	84.0	3
史翼	84.3	2
刘颐	69.0	13

中国科学技术协会

我的前半生，自诩"无党派"、"超政治"，是个一贯崇尚"科学救国"、"工程救国"的旧民主主义者。直到抗日战争结束后，目睹国民党反动派发动内战，摧残民主，狰狞面目完全暴露，才逐步清醒过来，开始认清：只有共产党，领导人民大众起来革命，才能救中国。从而，在中共地下组织的启示下，积极参加了营救被蒋帮逮捕的进步学生的活动；后来，为迎接上海的

□ 自述手稿 / 1

中国科学技术协会

解放，我又挺身而出，为护厂、护校、保护工业设施和人民财产免遭敌特破坏，作了一些力所能及的微薄贡献。这是我参加政治活动的开始。自从49年应邀北上参加人民政协，我就坚决听党的话，坚持走社会主义道路，努力学习马克思列宁主义。我衷心感谢毛主席、周总理和中共中央对我的信任和亲切关怀。加入中共组织，早有此心，但听了周总理的意见，很受启发，觉得还是一切听党安排为好。

□ 自述手稿 / 2

中国科学技术协会

今年我已年逾九十，然对党之认识之日日益坚，而要求入党之殷切愿望与日俱增。加之目前统一祖国、振兴中华的形势已有很大发展，与过去大不相同。为此，特再次提出申请，愿为共产主义事业奋斗终身，为党以有生之年和祖国尽棉薄。恳切陈词，务请照准。

茅〇〇

年 月 日

□ 自述手稿 / 3

勤于总结，善于总结，生活即学习。茅以升从青年至晚年，始终不辍工作与学习。他不仅钻研桥梁专业，对于其他领域也十分有兴趣，并做了深入的思考。

这些零散手稿是茅以升对于其他学科的体悟和总结。

年　月　日　第　页

天文学　3千年前就有多方面的文字星象记载.

✓ 世界最早太阳黑子纪录是西汉公元前28年，汉书五行志.
欧洲是 AD 807.

✓ 世界最早哈雷彗星 BC613年《春秋》
西洋最早是 ~~AD66~~ BC 11.

世界最早测定子午线长度的 AD724 唐僧一行

测天仪器 ✓ 郭守敬 AD1276 "简仪" 早于丹麦第谷 三百多年 (AD1598)

数学　明代中叶以前，数学的许多分支创立成就，中国处于遥遥领先地位.
周两千年前的《周髀算经》已是证明.

✓ 祖冲之
数学名词中国开始用的 分子，分母，正负，方程，开方，开立方 已有近二千年历史
十进制记数，殷周甲骨文中就有了，而在印度在六世纪末
✓ 才使用十进位制.

力学　✓《墨经》中对杠杆的平衡问题，指出距离与平衡的关系，比阿基米德(BC 287–214)还早.
力者形之所以奋也.
《列子》中有"发引千钧"之说，即头发能负担相当之重，有平均"应力"平均说.
春秋末期《考工记》中记述了"惯性"现象，张衡制用创造地震仪.

天文 — ✓ 公元纪元前后古籍中就说雪花是六角形的，西方到 AD 1611 才发现 Kepler.

声学 — 《庄子》中讲到调琴的时候发生"共振"现象. 在声学史上比西方早[illegible]
✓ 宋代十一世纪 沈括 做过纸人的"共振实验" 比十七世纪意大利的达芬奇早
明代朱载堉(1536–1614)是世界上最早发明"十二平均律"的. 比欧洲早五十多年.

光学 — 《墨经》里解释了物和影的关系说"景不徙"，2500年前解释物影动和不动的关系.
✓ 三千年前制造和使用铜镜，对光的反射有认识
BC2000年前制成世界最早的潜望镜.

年　月　日　　第　页

地震　只在殷代记载 BC1177 地震时间和范围。
以后记载极多、一万五千多条地震史料的纪录
东汉张衡 AD132，制造了世界上第一台地震仪，在洛阳
预测到 AD138 陇西地震(入微)

医药　“中国医药学是一个伟大的宝库，应当努力发掘，加以提高”(毛)
针灸起源于周代，战国时医书(黄帝内经)中，已多方面论述。

中药　“神农尝百草”，古书中记多种药。陶宏景 AD452-536 作
“本草经集注”，载药物730种

印刷术　雕版印刷发明于隋代，以后约1300年。
欧洲的德国 AD1423 才有雕板木经，晚600年
活字印刷。宋朝(AD1041-1048)毕昇在世界上首先创造了活字
印刷，用胶泥刻字，后来有用木，素木，锡活字，铜活字。
唐代雕刻传到日本。十三世纪传到欧洲。十五世纪欧洲才有
木板雕印圣像，书籍。木活字十四世纪传到朝鲜日本
AD1450 德国谷腾堡受中国活字印影响，用合金制成了
拼音文字的活字来印刷。

冶炼　春秋晚期已有白口生铁，到了战国中期生铁用具已有
十几种之多。可锻铸铁，法国是1722年，美国是1826年发明
我国已有二千年历史。　干将　莫邪
东汉时已有“百炼钢”。沈括有记载。三国时就普遍了。

机械　“钻井机”比西方早十一个世纪
在汉代用木(?)开凿深井。
利用水力鼓风冶铁　比西方早十一个世纪
用上升热空气驱动走马灯，这项原理利用比西方早十个世纪
是燃气轮机的始祖
AD1232年 汴京之战 使用了真正的火箭。外国人称中国人是
第一个利用火箭飞行的人

年　月　日　　　　第　　頁

机械　从三口开始 有“记里鼓车”和“指南针”

古代天文钟　表示天象，又能计时，可作现在的 Planetarium
但宋代就有，世界上最古老的天文钟。
AD 1088 宋代苏颂制成水运仪象台 在开封。

万里长城—　2200年前

造船—　沙船唐代出现于江苏，上溯到春秋，500-800吨
元代1200吨以上。公元十世纪，中国的船到爪哇
十五世纪初郑和下西洋，二十多年间访问了三十多国。
每次出动100-200只船，其中宝船40-60只，长150米，张12帆，
共载二万七千多人。南京有宝船厂遗址。（舵杆长11米，广州有秦汉船厂遗址。）
宋元时代，造船大发展，外国人称我国船工为“世界最进步的造船匠”。

纺织—　汉代已有纺车，见汉画象石。汉唐以来丝绸通过丝绸之路
自西方输出。脚踏纺车、水力纺车，早于4-5世纪名蚕中
织机。浙江余姚出土纺轮为七千多年前遗物，世界最早的
原始织布工具。汉画象石上有“慈母投杼图”
秦汉之际斜织机之普及已被证明普遍。

(1255)

声学　《庄子》中讲到调瑟的时候，发生"共振"现象，比西方早很多

《梦溪笔谈》中沈括记述了纸人的共振实验，比十七世纪还要早。

光学　《墨经》中解释了物与影的关系。

三千年前周代已经用凹面铜镜，对阳光聚光取火

地磁学　战国时代就有"指南勺"，即指南针。

宋代沈括记述了四种指南针的装置

化学　炼丹术中很多化学成就，有传给西方的

冶炼　在战国时代就掌握了铸铁技术，[illegible]

机械　从三国时代开始有记里鼓车及指南车。

宋代苏颂制成世界最早的天文钟（水运仪象台）

造船　唐代沙船，载重500-800吨，元代1200吨，十五世纪郑和下西洋所用宝船长150米，张12帆。200艘船共载27000人

火药　唐末宋初已经采用火药制器　恩格斯说

印刷　雕板印刷比欧洲早600年

宋代毕升是世界上首先创造了活字印刷。

机械　"锥井机"（比西方早一千一百年。

及利用水力鼓风冶铁，~~比西方~~。

桥梁、(1432) 20× [illegible]　针灸

北京市电车公司印刷厂出品 · 一

天文学

世界最早太阳黑子纪录，见于《汉书五行志》，比欧洲早800年

世界最早哈雷彗星纪录，见于《春秋》，比欧洲早600年

《春秋》中记录了36次日食（BC722-481）

元代郭守敬"测天仪器"比丹麦第谷的早三百多年.

地震学

迄今为止 我国文献上已有一万五千多条关于地震的记录

东汉张衡于公元132年制成世界上第一架地震仪。候风地动仪.

数学

十进制记数，见于殷周甲骨文中，在国外六世纪末才见于印度

数学名词中分子、分母、正、负、方程，等见于我国两千年前算经中.

南朝祖冲之圆周率七位小数值，比西方早一千多年.

力学

《墨经》中对杠杆的平衡原理，比阿基米德（公元前287-212）还早

春秋末期的《考工记》中记述了"惯性"现象.

北京市□□公司印刷厂出品 七六·一

(1432) 20×20=400

指南勺

指南针 最早出现于战国时代，样子像个"勺"，勺柄指南。
宋沈括《梦溪笔谈》记了指南针的原理。　日　　　第　　页

对磁铁《梦溪笔谈》云，能调也，以有磁石，能引铁子。

造纸— 公元前二世纪西汉初期就有纸，比东汉蔡伦早，但经蔡改良后，使纸在
二世纪后代替了缣帛，白麻纸。

火药— 已有一千多年。唐末宋初已经采用火药箭及炮武器。
来源于炼丹。　元代出现铜或铁的筒式火炮。
✓恩格斯说：火药是从中国经过印度传给阿拉伯人……经西班牙入欧洲。
（全集7卷386页）

瓷器— 六千年前有陶器，商周时期有釉陶。
瓷器在世界上我国发明最早。远在唐代，瓷器和茶叶、丝绸经过海上及丝绸之路运销国外。

化学 中国炼丹术与阿拉伯炼丹术有多种相似，与西方传说相近。硝石
在阿拉伯称"中国雪"。
李约瑟 整个化学最重要的根源之一是从中国传出去的。

旅行 1)张骞 BC 175-114。三次出国到中亚、西亚、西南亚一些国家
2)法显 AD 334-420。　399年往印度、后印度群岛、苏门答
腊、爪哇
3)玄奘 AD 596-664。627西行，游历了一百一十个国家和地区，著有
西域和五印度。
4)郑和 AD 1371-1434。从1405-1433 28年七下西洋，到波斯湾、红海、
非洲东海岸。比葡萄牙地亚士到好望角早81年，比哥伦布
到美洲早87年，比葡萄牙达伽马到印度洋早90年。

水利 郑国渠 BC 246
都江堰 BC 250

地图 马王堆（1973）发现的三幅地图是世界上现存的最早的以实测为
基础的绘制的地图。

铸铁 ~~二千年前~~春秋战国时期掌握了铸铁技术，较早，
青铜 殷周青铜器，一490公斤的鼎。
石油

(1255)

北京市西城区印刷厂 七六·九

实践——人们改变现实的
事物、现象、过程的
感性物质活动，叫做
实践。

实践是由许多方面构成的。
它的基础是物质资料的生产。
阶级斗争，教育，科学实验等等
属于社会实践。

认识的过程属于人们的理论
活动。理论是实践的科学概括，
理论活动是在实践基础上产生和
发展起来的。实践推动科学前进。

用现代科学方法研究
整理中医的经验，
而且用现代科学
语言（名词哲学科
学传统）来表达
中医经验。

科学技术
文汇报吴政志 4/30

科学指导技术，
技术指导工艺。

无技术，工艺只能
熟练，而不能
更新；
无科学，技术只能
革新，而不能
突破。

自学

1）"自"不是指自己一个人，
而是"自己的一群人共同
学习的，彼此互助，甚至在
经济上、生活上，彼此启发

2）"自"是国家一分子，不是因
受不到国家帮助，而自外
于自己的国家。

3）"自学成材"与硕士
博士学位的获得分不开

4）"成材"如树的躯干，
枝叶观赏
主料，付料。

1) 儿童认字和算数

是实践还是理论？

认字、算数都是实践，
只需强记而不需推理，
同生产操作也是强记，
一样都是实践。
（习之於实际工作）

2) 学而时习之（礼乐书射御算）

“时”指重复，即学了一项，
可用于多种工作，如
这才养成的超[illegible]，
“理论万能”

体力劳动—主要是实践
—但要有理论，如
推想操作的因果
脑力劳动—主要是理论
但要有实践，如
强记，背诵，
认字，人名，地名
数数，辨形（数学）
皆实践
认字先于作文
数数先于计算
皆实践先于理论

分28道砌拱，然后在拱上填土石来稳定拱圈（纵联式则可先筑侧墙，将拱脚与墙之间空隙填满，分道拱圈则不能）故在大拱上筑小拱，利用小拱拱脚压力来稳定大拱圈。

这里没有被动压力问题。这个问题要到全28道拱圈筑就，大拱小拱之间全为土石填满后，才在侧墙与拱圈之间发生。

76号

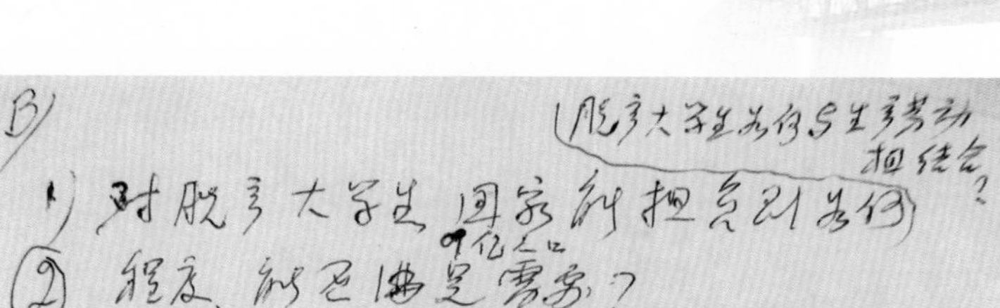

B)
（脱产大学生如何与生产劳动相结合？

1) 对脱产大学生，国家能担负到如何
② 程度，能否满足八亿人口需要？
2) 能否从生产单位业余教育中选拔
③ 大学生？如何统一大学毕业生的水平？
3) 为了选拔大学生，教育部门对业余教育应有
④ 如何支持？~~如何统一~~
4) 除了学前初中义务教育外，高中生应有如何
与生产劳动相结合？~~从结合中，如何~~ 脱产到如何程度？
⑤ 应否从此中检验出，每个人最相宜的
工作，最好的前途？

对以上各点，另有详细建议。

如何能提高整个中华民族的科学文化水平？
A)
① 依照现在的教育制度，能否实现华主席的要求和希望？

提几个问题

读书的乐趣是无穷的

人类正是由于读书做了不少有意义的事情，我们相信我们的少年儿童也能在读书里找到乐趣和希望，并做迈步入人生时候的纪念。

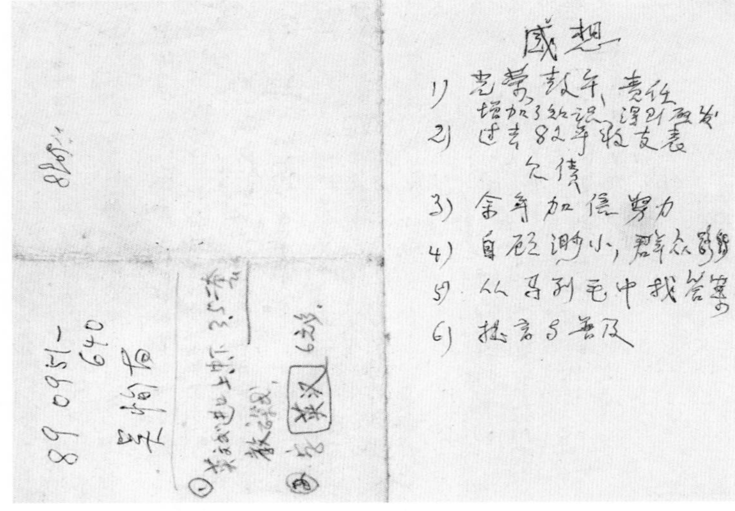

感想

1) 党费数年，责任
2) 增加了知识，得到启发
过去82年的支表
欠债
3) 今年加倍努力
4) 自己渺小，群众伟大
5) 从马列毛中找答案
6) 提高与普及

□ 《“卡片查抄”编书法》草稿 / 1

5）、如果经过大量工作，将一切有关记录的数据，都编成卡片，其数量可能达到几百万张，每一卡片有号码如12345678—A，B，C等等，则

（A）如编写科学教科书时，则按学科系统，将同一类性质的卡片检查出来，就编成数学、物理、化学教科书。可将A级卡片编成初中教科书，B级为高中教科书，C级为大学教科书，D级、E级、F级等则为研究参考书。

（B）如编专业科学教科书时，则按专业系统，将同一类结构工程所需说明的卡片检查出来，就可编成如何打桩、修桥、建闸等教科书。可将A级卡片编成工人应用的书，B级成为技工专修书，C级成为学校设计书，D级成为工程师，E级F级等则为研究者的参考书。

□ 《“卡片查抄”编书法》草稿 / 2

□ 专用信笺

挽凌竹铭兄

隔海遥传噩耗来
蹉跎晚景事堪哀
青衿契阔风华茂
白首参商岁月催
胼胝劳形为世重
株韶路险嵩山开
魂归缘满旧游地
清酌诔词酒一杯

□ 凌竹铭，名鸿勋，是中国土木工程专家、教育家，曾负责修建陇海铁路、粤汉铁路等。他去世后，茅以升作此诗悼念

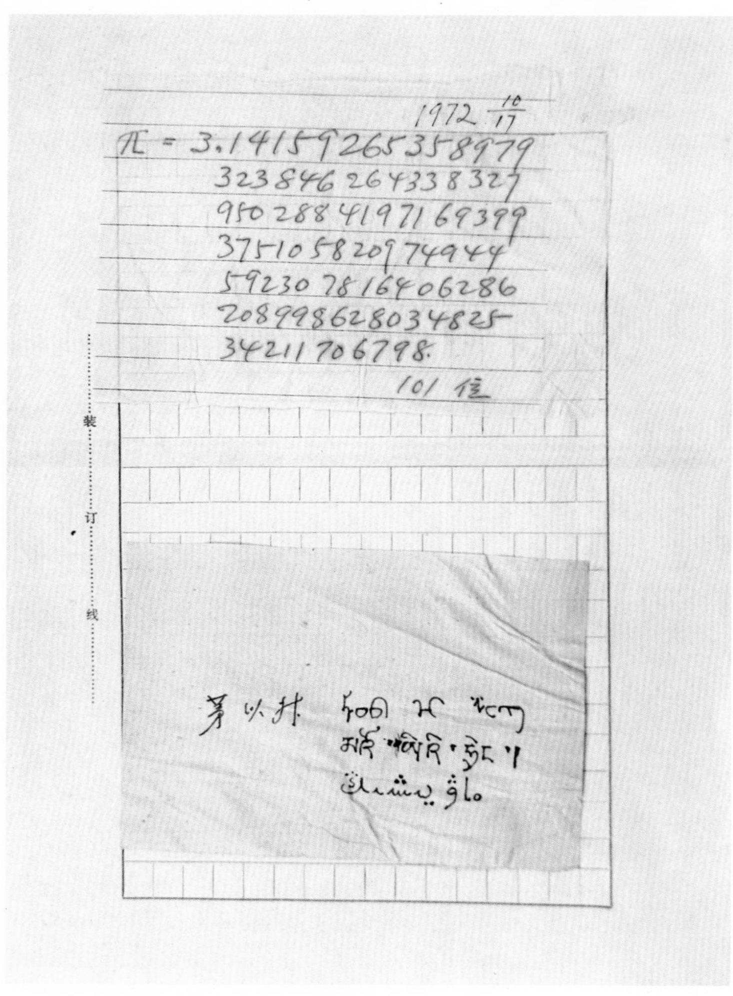

1972 10/17

π = 3.14159265358979
323846264338327
9502884197169399
375105820974944
592307816406286
208998628034825
34211706798.
101 位

□ 手书默写圆周率

学习茅以升爷爷热爱祖国献身科学的精神
沉痛悼念
六届全国政协茅以升副主席
茅以升顾问生平简介
茅以升顾问
在本校活动的留影

□ 纪念茅以升宣传栏

□ 钱塘江大桥桥畔的茅以升像傲然矗立，犹如这位桥梁大师陪伴着自己最钟爱的孩子

□ 2006年发行的茅以升邮票小型张

2001 AUG. 4 M.P.C. 43193

The MINOR PLANET CIRCULARS/MINOR PLANETS AND COMETS are published, on behalf of Commission 20 of the International Astronomical Union, usually in batches on or near the date of each full moon, by:

Minor Planet Center, Smithsonian Astrophysical Observatory, Cambridge, MA 02138, U.S.A.

IAUSUBS@CFA.HARVARD.EDU or FAX 617-495-7231 (subscriptions)

MPC@CFA.HARVARD.EDU (science)

Phone 617-495-7244/7444/7440 (for emergency use only).

World-Wide Web address http://cfa-www.harvard.edu/iau/mpc.html ISSN 0736-6884

Brian G. Marsden, Director Gareth V. Williams, Associate Director

Timothy B. Spahr, NEO Technical Specialist

Syuichi Nakano, Andreas Doppler and Kyle E. Smalley, Associates

Supported in part by the Brinson Foundation

© Copyright 2001 Minor Planet Center Prepared using the Tamkin Foundation Computer Network

NEW NAME OF MINOR PLANET:
(18550) Maoyisheng = 1997 AN14

Discovered 1997 Jan. 9 at the Beijing Observatory at Xinglong.
Yisheng Mao (1896-1989) was a world-renowned scientist and one of the founders of modern bridge engineering of China. In 1930s, he designed and supervised the construction of Qiantang River Bridge, which is the first bridge of its kind ever designed and built by the Chinese.

(18550) 茅以升=1997 AN14

1997年1月9日发现于北京天文台兴隆观测站。

茅以升（1896—1989）世界著名科学家，中国现代桥梁工程的奠基人之一。在二十世纪三十年代，他主持设计和建造了“钱塘江大桥”，成为中国桥梁史上的一个里程碑。

（小行星通报，第43193号：2001年8月4日）

小行星命名证书

中国科学院国家天文台施密特CCD小行星项目组于1997年1月9日发现的小行星1997 AN14，获得国际永久编号：18550，经国际天文学联合会小天体提名委员会批准，由国际天文学联合会小行星中心第43193号通报公知国际社会，第18550号小行星永久命名为：

茅以升星

空间轨道根数（J2000.0黄道及春分点）

吻切历元时刻：	2005年8月18日零时（历书时）	
轨道半长径（A）：	2.9999753	天文单位
轨道偏心率（EC）：	0.0417101	
近日点角距（W）：	190.36288	度
升交点黄经（OM）：	256.20446	度
轨道倾角（N）：	0.1896826	度
平近点角（MA）：	276.68566	度
绕日运行周期（PER）：	5.19619	年
绝对星等（H）：	13.7	等

（小行星通报，第43193号，2001年8月4日）

中国科学院国家天文台
二零零五年九月二十六日

□ 2005年，茅以升星命名证书

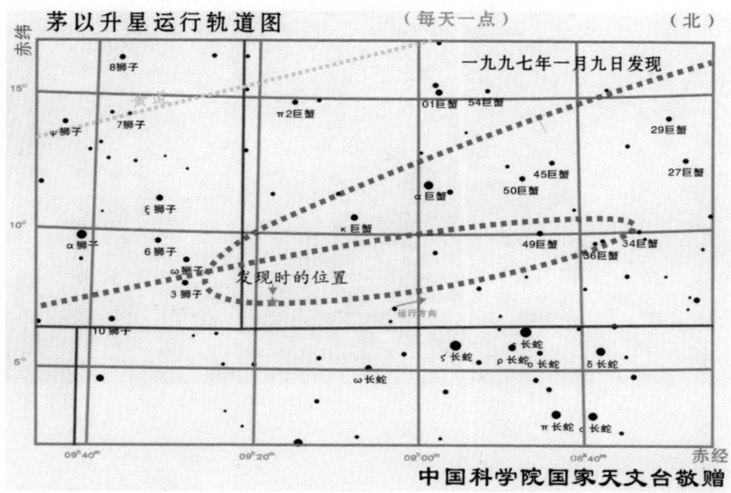

□ 茅以升星运行轨道图

茅以升星
土星
地球
火星
金星
水星
茅以升星
2006年1月9日
距离地球:2.959 天文单位
距离太阳:2.934 天文单位

□ 茅以升星的星图

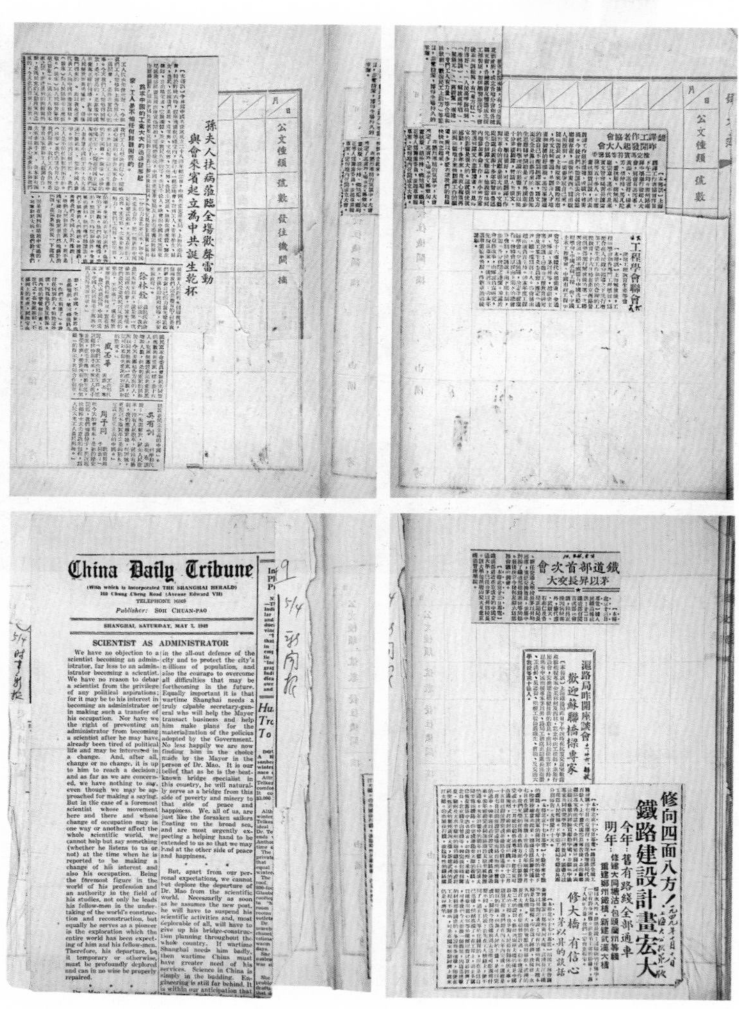

孫夫人扶病蒞臨全場歡聲雷動
與會來賓起立為中共誕生乾杯

工程學會聯合

China Daily Tribune

(With which is incorporated THE SHANGHAI HERALD)
160 Chung Cheng Road (Avenue Edward VII)
TELEPHONE 16069

Publisher: SOH CHUAN-PAO

SHANGHAI, SATURDAY, MAY 7, 1949

SCIENTIST AS ADMINISTRATOR

We have no objection to a scientist becoming an administrator, far less to an administrator becoming a scientist. We have no reason to debar a scientist from the privilege of any political aspirations; for it may be to his interest in becoming an administrator or in making such a transfer of his occupation. Nor have we the right of preventing an administrator from becoming a scientist after he may have already been tired of political life and may be interested in a change. And, after all, change or no change, it is up to him to reach a decision; and as far as we are concerned, we have nothing to say, even though we may be approached for making a saying. But in the case of a foremost scientist whose movement here and there and whose change of occupation may in one way or another affect the whole scientific world, we cannot help but say something (whether he listens to us or not) at the time when he is reported to be making a change of his interest and also his occupation. Being the foremost figure in the world of his profession and an authority in the field of his studies, not only he leads his fellow-men in the undertaking of the world's construction and reconstruction, but equally he serves as a pioneer in the exploration which the entire world has been expecting of him and his fellow-men. Therefore, his departure, be it temporary or otherwise, must be profoundly deplored and can in no wise be properly repaired.

* * *

in the all-out defence of the city and to protect the city's millions of population, and also the courage to overcome all difficulties that may be forthcoming in the future. Equally important it is that wartime Shanghai needs a truly capable secretary-general who will help the Mayor transact business and help him make plans for the materialization of the policies adopted by the Government. No less happily we are now finding him in the choice made by the Mayor in the person of Dr. Mao. It is our belief that as he is the best-known bridge specialist in this country, he will naturally serve as a bridge from this side of poverty and misery to that side of peace and happiness. We, all of us, are just like the forsaken sailors floating on the broad sea, and are most urgently expecting a helping hand to be extended to us so that we may land at the other side of peace and happiness.

* * *

But, apart from our personal expectations, we cannot but deplore the departure of Dr. Mao from the scientific world. Necessarily as soon as he assumes the new post, he will have to suspend his scientific activities and, most deplorable of all, will have to give up his bridge-construction planning throughout the whole country. If wartime Shanghai needs him badly, then wartime China must have greater need of his services. Science in China is simply in the budding. Engineering is still far behind. It is within our anticipation that

鐵道部首次會
茅以昇長交大

滬路局昨開座談會
歡迎蘇聯橋樑專家

修向四面八方！鐵路建設計畫宏大
今年：舊有路綫全部通車
明年：修建大同塘沽、包頭蘭州等綫 重建鄭州鐵橋、新建武漢大橋
修大橋有信心
——茅以昇的談話

□ 自制剪报簿

□ 茅以升去世后，书房及办公室的物品分别由西南交通大学图书馆和润扬大桥茅以升纪念馆留存。此为书房复原图及部分衣物、办公用品等

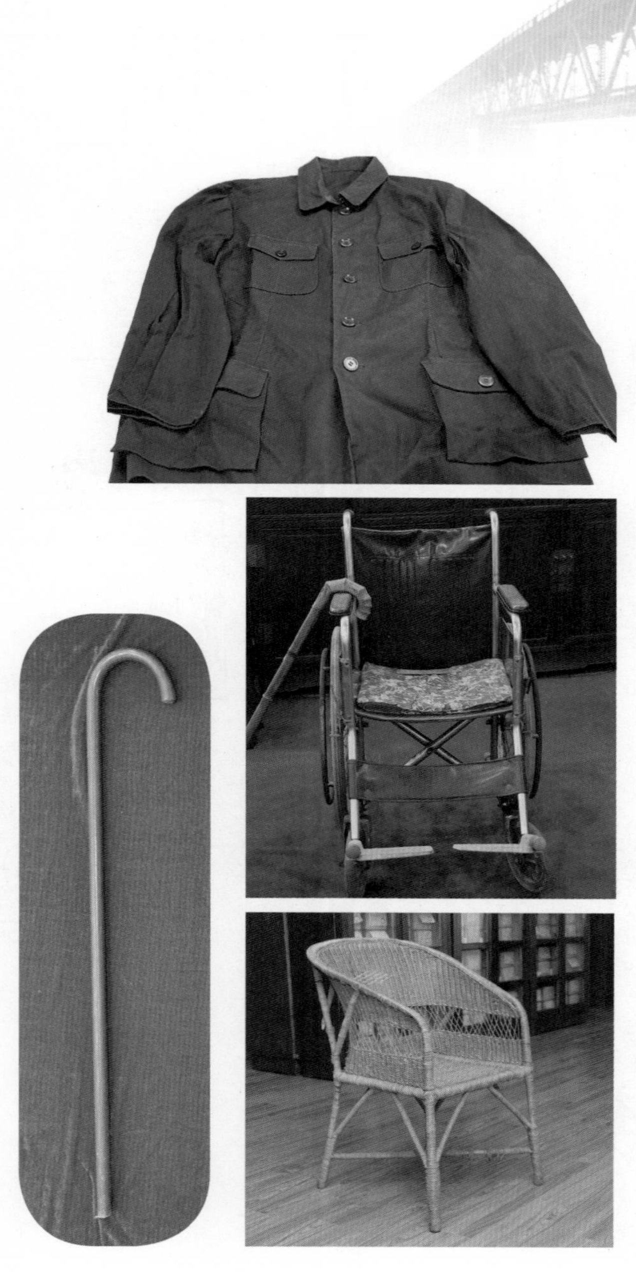

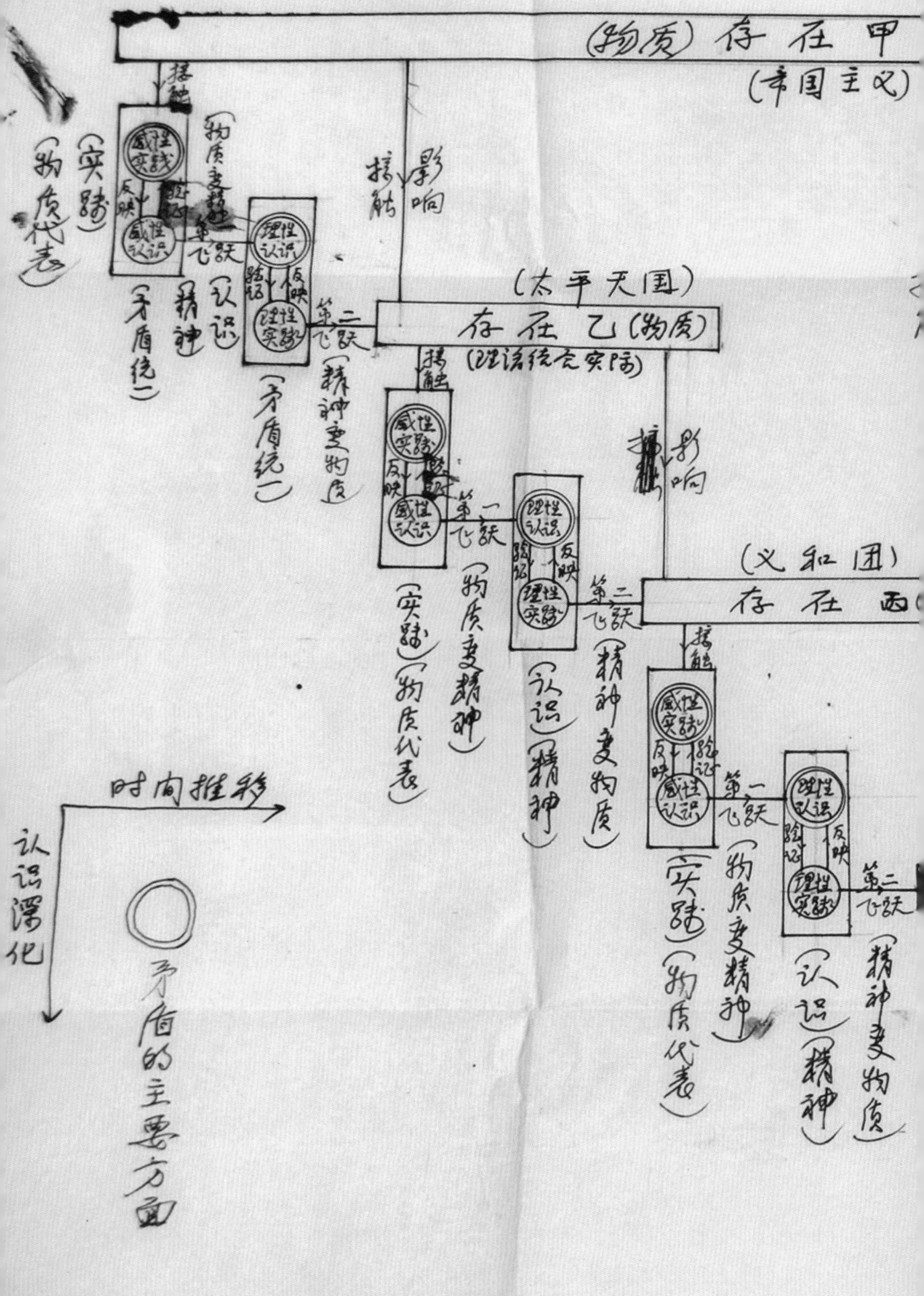

(物质)存在甲
(帝国主义)
接触
感性实践
反映
检验
感性认识
第一飞跃
理性认识
检验
反映
理性实践
第二飞跃
(实践)
(物质代表)
(物质变精神)
(认识)
(精神)
(矛盾统一)
(矛盾统一)
(精神变物质)
接触
影响
(太平天国)
存在乙(物质)
(理论结合实际)
(义和团)
存在丙
时间推移
认识深化
矛盾的主要方面

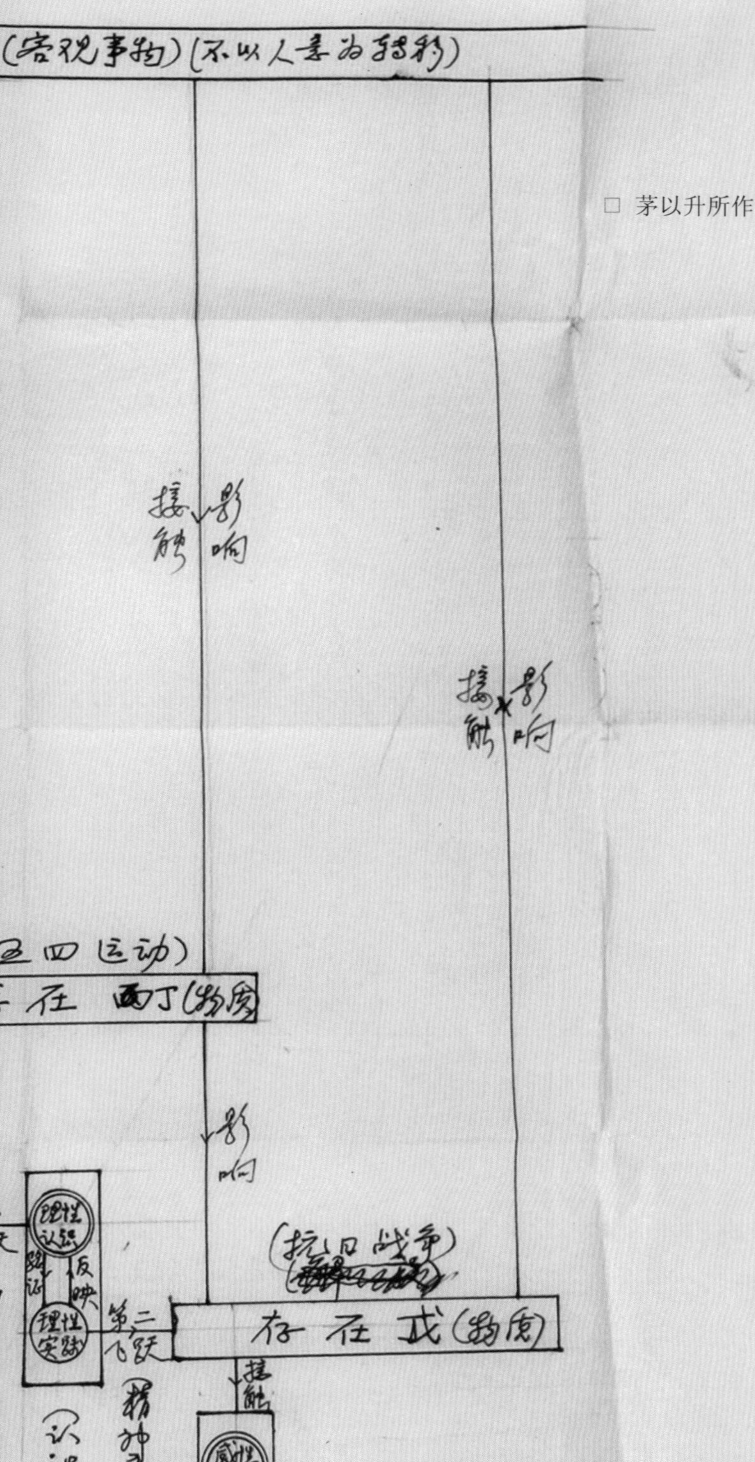
(客观事物)(不以人意为转移)
接触
影响
接触
影响
五四运动)
存在 丙丁(物质)
影响
理性认识
反映
理性实践
第二飞跃
(抗日战争)
存在 戊(物质)
接触
感性实践
认识

□ 茅以升所作思维导图

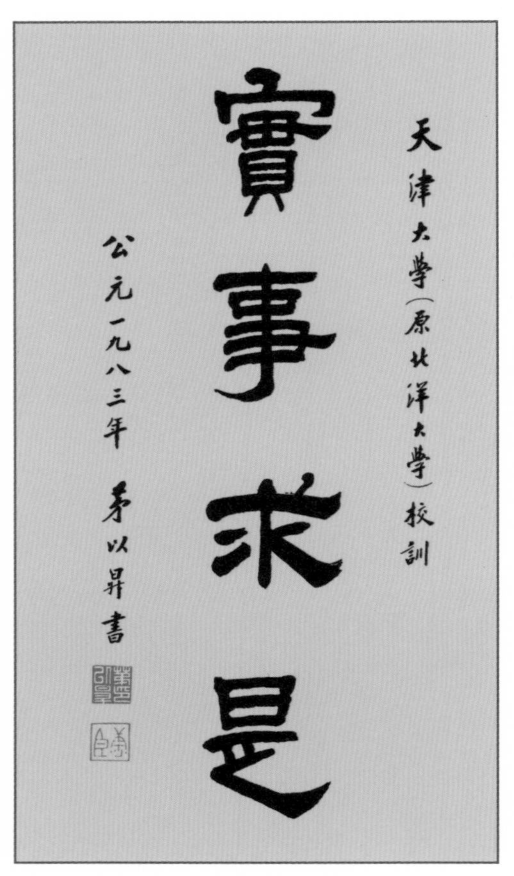

實事求是
天津大學（原北洋大學）校訓
公元一九八三年 茅以昇書

□ 茅以升亲书天津大学校训。“实事求是”一词出于《汉书·河间献王传》，文中说刘德“修古好学，实事求是”。后被人们沿传引申，毛泽东也曾在《改造我们的学习》中作过这样的论述：“‘实事’，就是客观存在的一些事物，‘是’，就是客观事物的内部联系，即规律性，‘求’，就是我们去研究。”

（照片由天津大学档案馆提供）

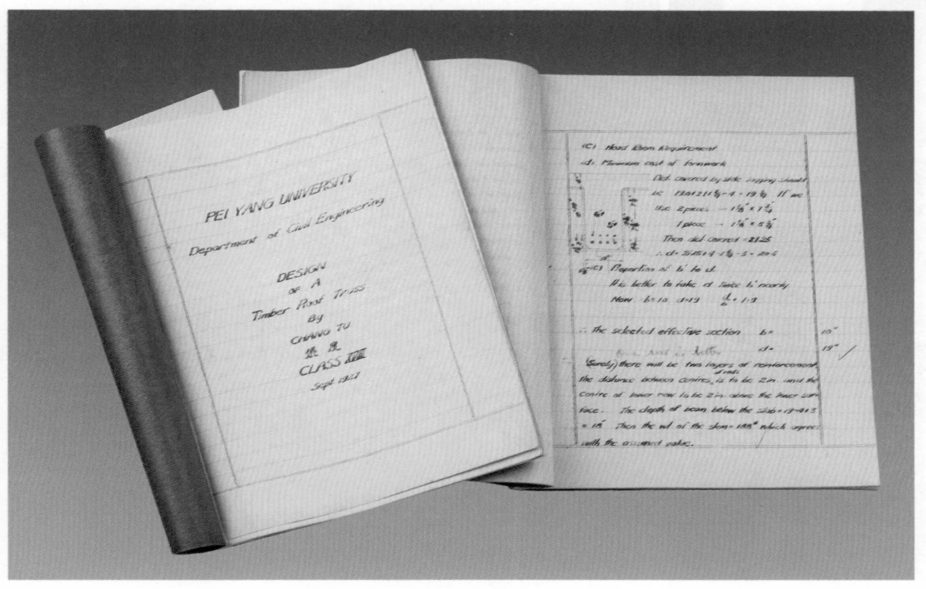

□ 为当时天津大学学生批改的作业

（照片由天津大学档案馆提供）

人生一征途耳，其長百年，我已走过十之七八，回首前塵，历历在目，崎岖多於平坦，忽深谷，忽洪涛，幸賴橋梁以渡，橋何名欤，曰奋斗。

以升

□ 人生一征途

SheHui GongZuo

社会工作

做好科普工作

茅以升

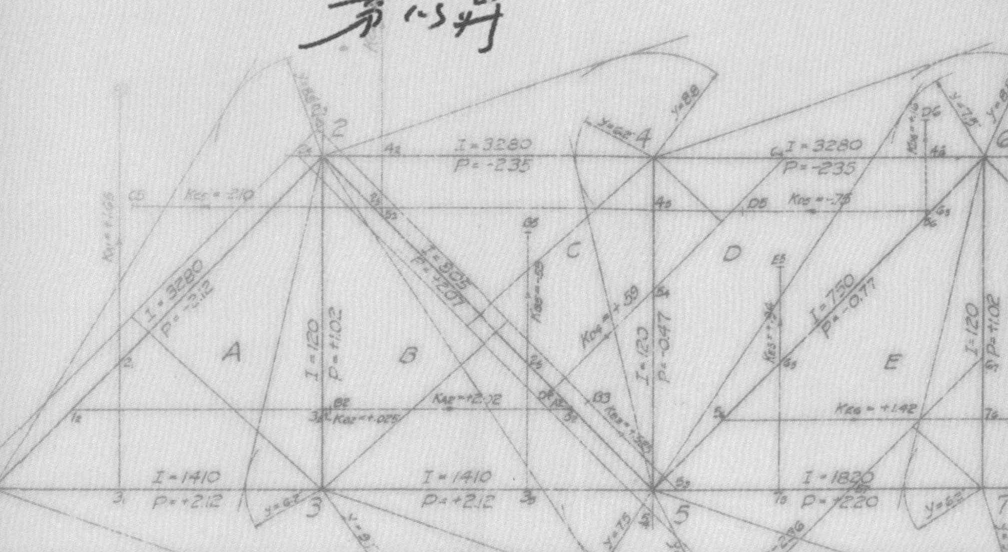

□ 1951年访苏期间，在列宁格勒火车站

□ 1951年访苏期间，日托米尔省委书记费道罗夫将自己著的书送给中国代表团团长茅以升

□ 参观莫斯科全苏农业展览会，在乌克兰苏维埃社会主义共和国陈列馆前

□ 参观莫斯科中央政治技术图书馆

□ 1951年，出席世界科协大会，会后访问莫斯科少年宫时，和苏联少年下国际象棋

□ 出访酒会

□ 出访期间与外国专家交流

□ 访苏期间和业余艺术爱好者联欢

□ 访苏期间日托米尔城的工人送给代表团的花瓶

□ 在列宁格勒参观起重运输设备厂

□ 在莫斯科克里姆林宫沙皇的大钟旁

□ 20世纪50年代，访欧期间在罗马集市

□ 在罗马参观

□ 法国报纸报道中国代表团来访的新闻照片，左四为茅以升

□ 1979年，为中国科技馆建设出访美国，与友人在一起

□ 在欢迎会上

□ 1979年6月27日，在美国卡内基—梅隆大学接受该校“卓越校友”奖章

□ 1982年10月，赴美接受美国国家工程科学院颁发的首位中国籍外籍院士聘书

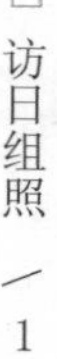
□ 访日组照 / 1

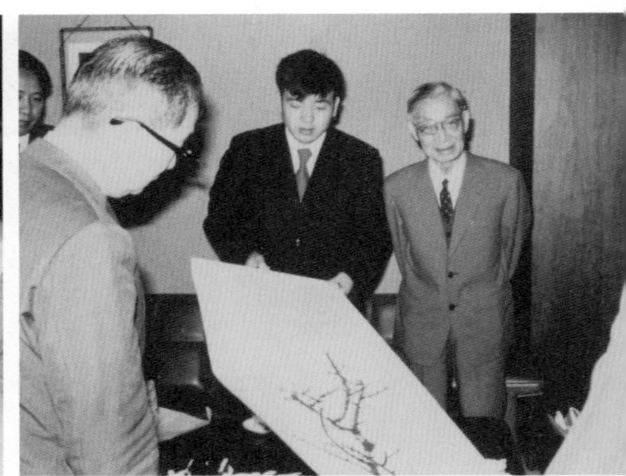

□ 访日组照 / 2

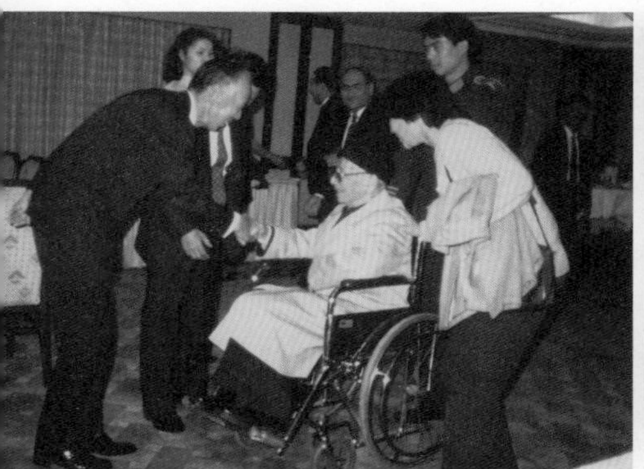

□ 1986年，在建设部土木工程学会接待加拿大土木工程学会会长莫扎，并受邀成为加拿大土木工程学会荣誉会员

□ 和莫扎等合影

□ 会见全苏农业展览会代表恩蒲岑院士

□ 20世纪50年代，接待国际友人，宣传中国桥梁建设

□ 陪同方毅同志接待

□ 1984年，会见日本客人

□ 和外国专家组照 / 1

□ 和外国专家组照 / 2

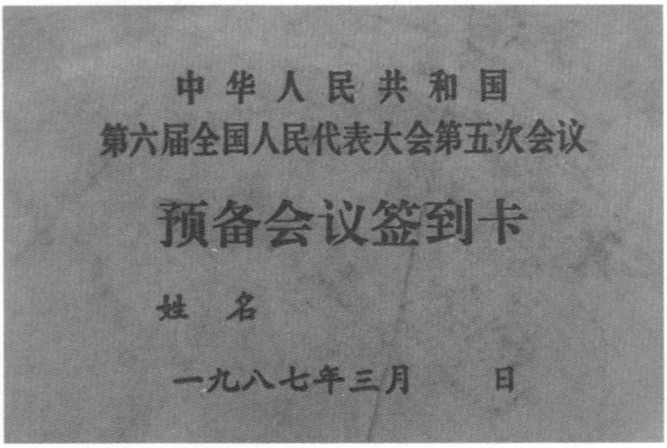

中华人民共和国
第六届全国人民代表大会第五次会议

预备会议签到卡

姓　名

一九八七年三月　　日

□ 人大代表证

中華人民共和國第一屆全國人民代表大會

代表當選證書

姓名 茅以昇

年齡 五十八歲

性別 男

代表單位 江蘇省

中央選舉委員會

一九五四年九月 日

性别 男

代表单位 江苏省

全国人民代表大会常务委员会

一九五九年一月 日

代表单位 江苏省

人民代表大会常务委员会

一九六四年十一月 日

姓名 茅以升

性别 男

年龄 七十八岁

选举单位 上海市

全国人民代表大会常务委员会

一九七五年一月 日

编号 0910

第 219 号

全国人民代表大会常务委员会

一九七八年二月 日

一九八三年五月 日

中国人民政治协商会议
第六届全国委员会
第二次会议
1984
出席证
中国人民政治协商会议
第六届全国委员会
第四次会议
1986
出席证
姓名 茅以升
政协六届五次会议
出席证 茅以升
1987

□ 政协委员证

中国人民政治协商会议
第五届全国委员会第[illegible]议
1978

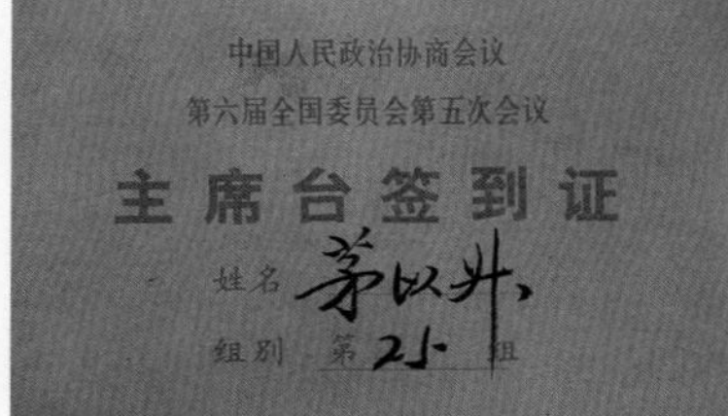

中国人民政治协商会议
第六届全国委员会第五次会议

主席台签到证

姓名 茅以升
组别 第21组

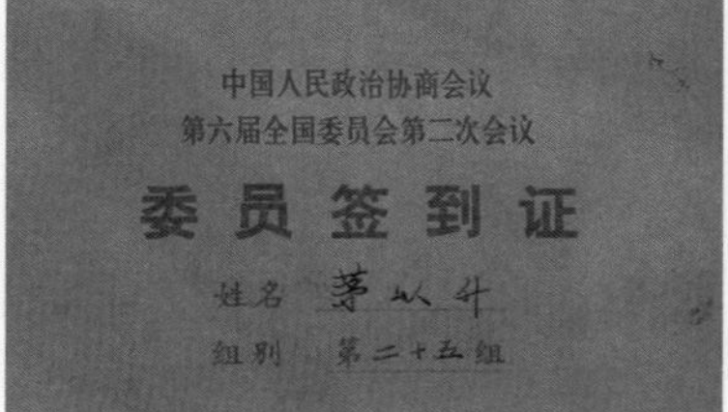

中国人民政治协商会议
第六届全国委员会第二次会议

委员签到证

姓名 茅以升
组别 第二十五组

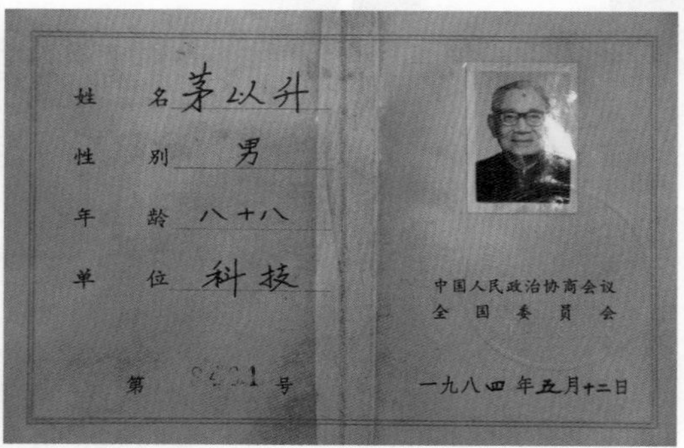

姓名 茅以升
性别 男
年龄 八十八
单位 科技

第 [illegible] 号

中国人民政治协商会议
全国委员会

一九八四年五月十二日

姓名 茅以升
性别 男
年龄 八十一
单位 九三学社

第 号

中国人民政治协商会议
全国委员会

一九七八年二月 日

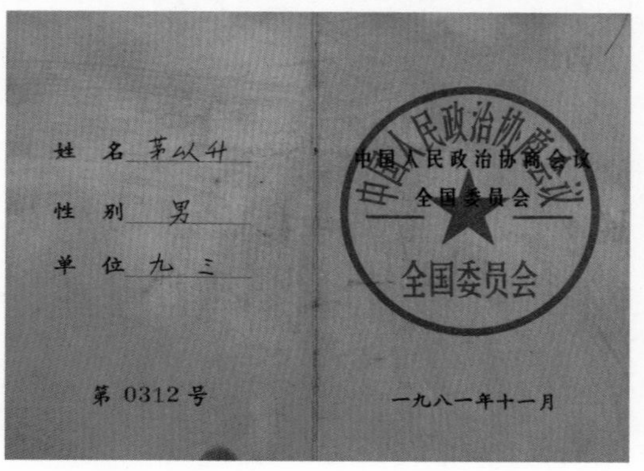

姓名 茅以升
性别 男
单位 九三

第 0312 号

中国人民政治协商会议
全国委员会

一九八一年十一月

（住址）（东单、西裱褙胡同43号）

茅以升代表的发言

大会发言稿（共计一千九百的字，需时八分钟）

江苏省代表 茅以升

主席，各位代表：

生在毛泽东时代的中国人民是幸福的，作为这样幸福人民的代表，来参加全国人民代表大会，更是光荣，因而也负有格外重要的责任。我们一定要从将来的实际行动中，表示我们是如何慎重地在大会上完成了我们的任务，并表示我们对宪法的拥护，对政府的信任和对领导的热爱。

我是一个技术科学工作者。我认为我们的宪法是一部伟大的科学文献，它完全以中国事实为根据，循着中国社会发展的规律，指出中国人民应走的道路。这是全国群众智慧的集中表现。科学上的任何真理都是用这种方法得来的，因而我们宪法就必然能够彻底实施，达到预期的目的。我又认为我们政府五年来的工作，所以能在各方面取得辉煌成就，也是和重视科学和技术的实事求是的精神分不开的。政府工作最突出的表现是完成了一切预定的计划，而且时常超额地完成。这在中国历史上是空前的。这正是社会主义类型的政治的优越性，而社会主义是建筑在高度的技术基础上的。（我是全国政协副主席和[illegible]）我们参加制宪工作，能在政府一个部门的工作内，贡献出我们所有的科学技术，真是无上光荣。

□ 1954年9月，茅以升作为江苏代表参加第一届全国人民代表大会第一次会议，这是他准备的发言稿草稿 / 1

(2)

在这裡，我不能不回想到解放前的黑暗混乱景象。那时我们技術科学工作者，脱離羣众，经常轉業，不为反動统治装飾门面，就是直接间接为帝国主義服務。今天看来，实是萬分慚愧。但是中国一解放，在新事物的面前，我们的政治認識，就都有了進一步的提高。首先是学習了馬克思列寧主義和毛澤东思想，了解到科学应为人民，科学技術应为人民服務。其次，在工作中，逐步深入羣众，認識到不与工人结合，就一事無成。同时，在技術上接觸到苏联的先進科学，得到莫大启示，也提高了科学水平。所有这些，都是我们能在政府工作裡有所貢献的基本原因。我们所以能这样地为人民服務，能因这样服務而日有進步，都是由於党的教育和爱護。我们对党和毛主席的感激，无言可喻！

在宪法指出的国家总任務裡，我们技術科学工作者负有比前更加重要的責任。我们要和工人羣众一道，把舊中国遺留下来的落後的技術，改造为先進的新的技術，来提高劳动生產率，加速国家的社会主義工業化。我们特别要在全国性的技術革新運動中，貢献出更大的力量。然而，我们过去的工作，是落後於要求的。最顯著的对工人羣众的合理化建議和創造發明未能好好總结，在理論上对他们

2

□ 发言稿草稿 / 2

(3)

的帮助不多。这是由于我们对他们缺乏了解，和工人们的团结，不够密切，而自己的集体力量也未能充分发挥。同时，在学习苏联先进经验方面，虽有热情而领会不深，因而在结合实际时，不免感到无从下手。我们必须改正这些缺点，这是我们今后主观努力的方向。

五年来，由于政治上的伟大胜利，祖国在国际上的地位，有了空前的提高。然而我们科学地位，虽在一日千里的经济建设的推动下，却仍然远远跟不上。正当国家实施总任务时，而有一个薄弱的科学环节，是个严重问题。现在各地高等学校都在蓬勃发展，几年以后，科学技術人才当然大大增多，然而一定还是不能满足需要的。我们要建設一个六亿人的社会主义国家，实是极其艰难的伟大任务，我们必须充分发挥所有一切潜在力量，来加强科学工作，来提高技術基础。现提几点意见，請大家指正。(一)技術人员的培养，不能专靠正规学校，特别在最近几年的青黄不接时期。我们应当在各种生产企业内推行多种多样的技術補习教育，在不脱产的条件下，普遍提高科学和技術的水平。在这里，我愿特别提出函授教育的重要性；在师资和教材缺乏的情况下，这种分布在全国技術系统的，从实践到理论的函授教育方法，是非常迫切需要的。(二)在我们

3—5页

□ 发言稿草稿 / 3

(4)

生產過程管理，技術問題非常之多，因而各种科学研究試驗機構，日見增加，當然是很好現象。然而由於缺乏整体的計划和組織，重複浪費的現象，也漸形嚴重，而某些急切需要的工作，反倒無人过問。在目前人才設備都感缺乏的时候，如何改变这种情況，是值得考慮的。近年來，各种科学的专門学会，進行了大量的学術活動，对於科学研究，起了相当作用。在这裡，有两个問題感到困難。一是各学会会員的学術活動，雖然都同業務有関，但在时間上还不免要受到工作機関的不合理限制；二是会員在交流經驗，討論学術时，結合到实際，就常要遇到保密問題，因而不知如何措手，都希望政府予以具体規定。(三)人民团体的科学技術普及協会，近年來在全國範圍內，有了很大發展。但普及教育要有实物表演的帮助，希望中央各企業部門，在(國內國外)举行各种技術展覽会以後，能将展覽品移交普及協会整理保管，充分利用，以期逐步建立經常展覽的科学技術館。(四)全國科学工作，從科学研究到科学普及，要有周密计划，把生產、教育、和研究三方面的科学力量，組織起來，以便联系交流，分工合作，(組織也當包括这部分力量)我們科学工作中的醫藥衛生事業，因為在一个全國性的系統之下，再加群众性的愛國衛生運動，就日有進步。工礦企業的科学工作，也需要一个

4

□ 发言稿草稿 / 4

全國性的「科学工作綱」，再加以群众性的技術革新運動，我們就能保障和促進技術健康，如同保障和促進人体健康一樣。

我們偉大的憲法，已經莊嚴地通過了。其中規定國家鼓勵公民在勞動中的積極性和創造性，鼓勵和帮助公民進行科学研究等條文，对於祖國科学事業的發展，將有無窮的推動力量。在我們偉大的人民民主憲法的光輝照耀下，在我們偉大的人民領袖毛主席的領导下，我們技術科学工作者，一定和全國人民一道，努力学習，積極工作，為祖國的社会主義建設，為世界和平和人類進步的崇高目的而奮斗！

□ 发言稿草稿 / 5

□ 1956年2月，毛泽东主席在怀仁堂接见第二届全国政协会议科学界的代表，和茅以升等会议代表交谈

□ 毛泽东主席在国庆典礼上与茅以升握手

□ 1973年10月23日，在九三学社中央六届一次会议上，新当选主席、副主席合影，前排左二为茅以升

□ 1984年5月，在全国政协第六届第二次会议上，茅以升（前排左三）当选为全国政协副主席

□ 茅以升（前排左一）与邓颖超、顾毓琇夫妇等合影

□ 与著名物理学家严济慈

□ 从左至右：严济慈、谷牧、茅以升、钱学森

□ 1978年3月18日，全国科学大会在北京人民大会堂召开，中央电视台通过人造卫星向全世界介绍茅以升等七位著名的中国科学家，大会期间，胡耀邦同志与茅以升亲切交谈

□ 1987年，茅以升（前排左二）与人大副委员长费孝通、香港大公报社长费彝民、文学家萧乾在香港合影

□ 1978年，在全国科学大会上和吴阶平交流

□ 1986年，和中国土木工程学会领导晤谈

□ 1982年，由长女茅于美陪同看望胡愈之夫妇

□ 茅以升和周培源

□ 1982年9月3日，参加首都科学家座谈会，从右至左：茅以升、林寿屏、钱伟长、范济洲

□ 1984年，在铁道部科学研究院与我国著名土力学家卢肇钧晤谈

□ 茅以升和林巧稚

□ 茅以升和侯宝林

□ 1948年，在台湾举办的中国工程师学会的年会上宣讲论文

□ 1951年秋，在政务院会议上，周恩来总理对茅以升说：现在我们要筹建武汉长江大桥，讨论建桥方案，你有修建钱塘江大桥的经验，请你多出力呀

□ 1962年，在铁道部科学研究院院务大会上做报告，提出“一切为科研，科研为运输”

□ 茅以升到晚年，仍然为科普工作努力奔走，不辞辛劳，为培养中国的科技人才鞠躬尽瘁，在科普报告会和科技夏令营都能看到茅以升的身影

□ 在中国科技馆奠基仪式上讲话

□ 在北京市科协开会

□ 在铁道部科学研究院工作会议上讲话

□ 在中国科技馆评审会上发言

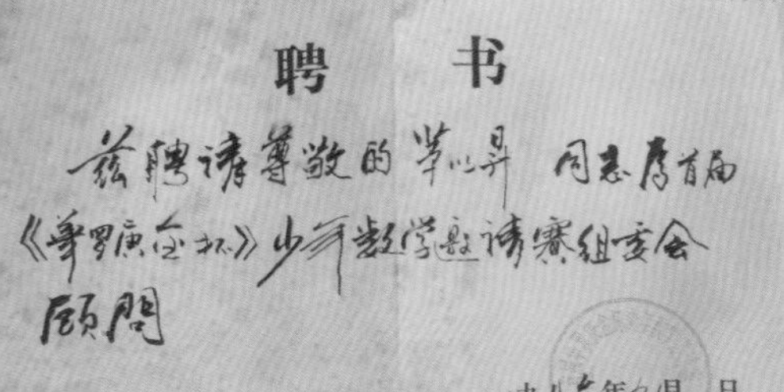

聘　书

兹聘请尊敬的茅以昇同志为首届《华罗庚金杯》少年数学邀请赛组委会顾問

一九八六年九月　日

茅以升同志

兹聘请您为《天使杯》智力玩具设计评选活动科学顾问

中国科普创作研究所
上海电视台《科技之窗》
上海市科协《科学生活》
上海市专利事务所

聘　书

编号＿＿＿＿

茅以升同志：

我单位正式聘请您为青年爱迪生杯发明竞赛评选委员会顾问。

特发此证

发证日期八五年五月　日

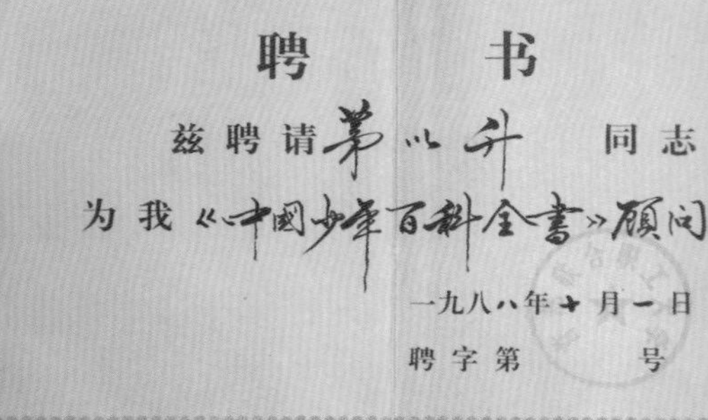

聘　书

兹聘请茅以升同志为我《中国少年百科全书》顾问

一九八八年十月一日

聘字第　号

□ 各类聘书

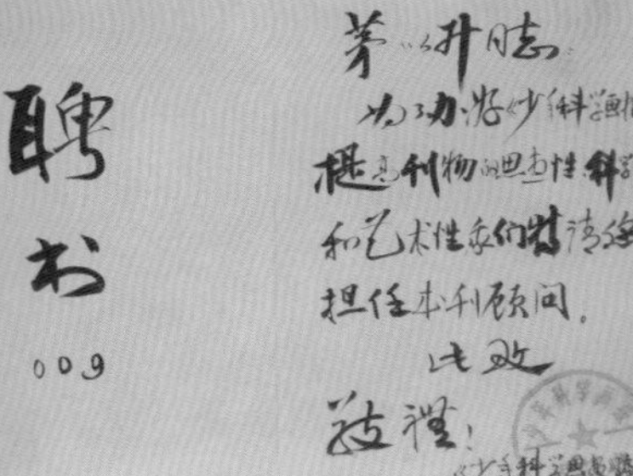

聘书

009

茅以升同志

为了办好《少年科学画报》提高刊物的思想性科学性和艺术性，我们特请您担任本刊顾问。

此致

敬礼！

《少年科学画报》编辑部

聘請書

兹聘请

茅以升同志为

纪念沈括逝世八百九十周年活动

名誉主任委员

特授予此证。

江苏省镇江市人民政府

中科院自然科学史研究所

一九八五年十一月六日

茅以升 同志

聘请您为中国大百科全书总编辑委员会副主任

中国大百科全书总编辑委员会

主任

一九八四年 十 月二十五日

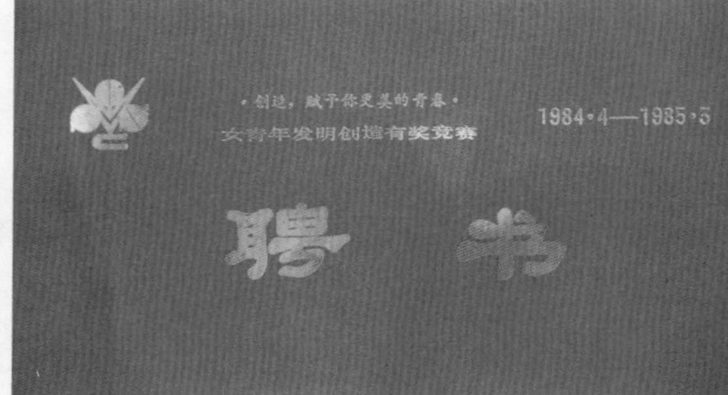

·创造，赋予你更美的青春·

女青年发明创造有奖竞赛

1984·4—1985·5

聘书

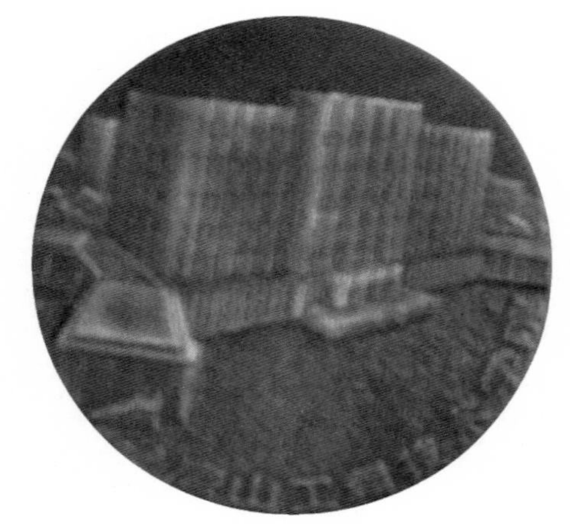

□ 唐山工程技术学院赠送给茅以升的纪念章

□ 西南交通大学赠送给茅以升的纪念币

□ 上海交通大学建校九十周年赠送给茅以升的瓷插盘

□ 唐山抗震救灾十周年纪念章

□ 中国科学技术馆纪念章

□ 中国科学技术协会纪念章

300
РОКІВ
ВОЗЗ'ЄДНАННЯ
УКРАЇНИ З РОСІЄЮ
唐工
1956
FOIRE DE
MILAN
VISITEUR
中國人民赴朝慰問團

□ 各类纪念章

中國科學院聘任書

000136

茲聘請 茅以昇

爲本院技術科學部委員

院長 郭沫若

一九五五年六月一日

□ 1955年，中国科学院的聘任书

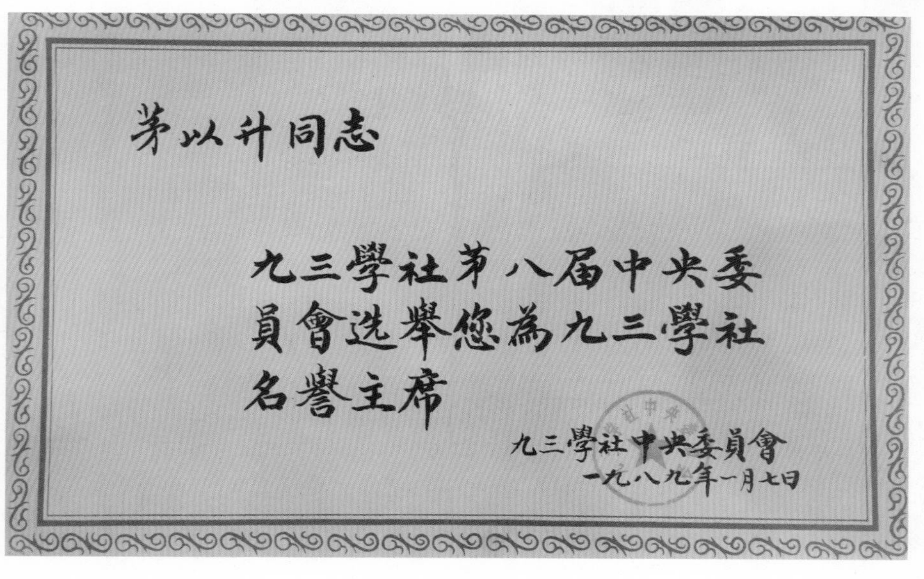
茅以升同志

九三學社第八届中央委員會选舉您爲九三學社名譽主席

九三學社中央委員會
一九八九年一月七日

□ 1989年，当选为九三学社名誉主席的证书

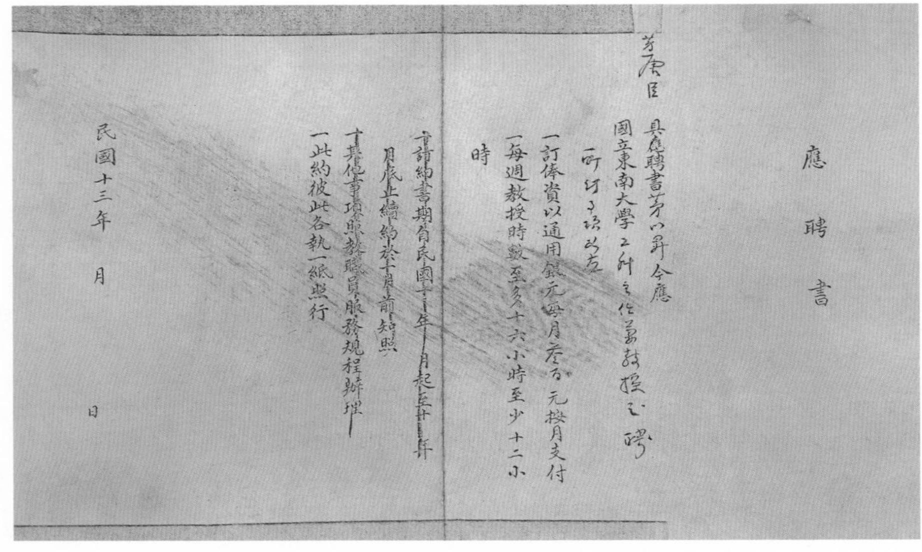

應聘書

茅唐臣 具應聘書茅以昇今應

國立東南大學工科主任兼教授之聘

所訂各項如左

一訂俸資以通用銀元每月叁百 元按月支付

一每週教授時數至多十六小時至少十二小時

一請約書期自民國十三年 月起至十四年 月底止續約於十月前知照

一其他事項照教職員服務規程辦理

一此約彼此各執一紙照行

民國十三年 月 日

□ 1924年，国立东南大学教授的应聘书

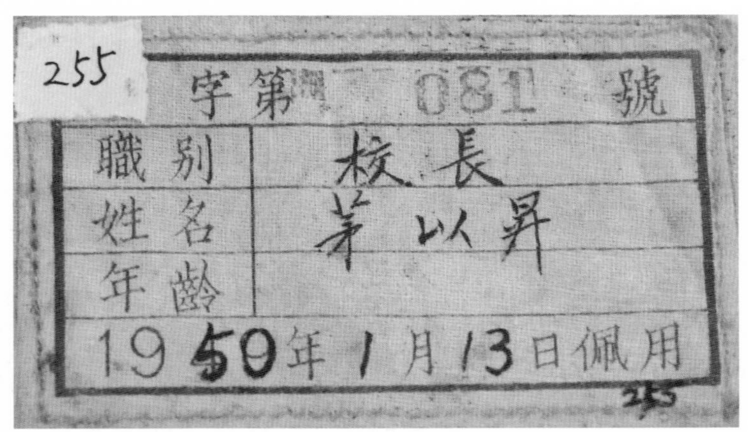

255

字第 081 號

職別	校長
姓名	茅以昇
年齡	

1950年1月13日佩用

□ 中国交通大学的工作布章

□ 1979年，茅以升的科普文章《从小得到的启发》获得中国科协新长征科普作品一等奖，茅以升在领奖大会上

□ 到家乡镇江二中为学生们做科普讲座，校长为茅以升戴上二中的校徽

□ 和孩子们在一起是茅以升最快乐的事情

□ 和少年儿童亲切交谈

□ 茅以升说：爱孩子就是爱明天

□ 1984年，和少年儿童交谈

□ 孩子们到家里拜访茅老

□ 1987年，茅以升参加青少年科普会议，专注地观看孩子们的作品

□ 北京铁路七小美术小组送给茅爷爷的工艺品——橡皮泥螃蟹和铅笔花

敬爱的茅以升老爷爷：

胜利 的 1979年 即将过去，光 辉 灿 烂 的 1980年 新年

就要来到了，是 无锡市 延安中心小学 的 科技小组员，向您

致以节日的祝贺！我们伟大的 ，在敬爱

的中国共产党的领导下，欣欣向荣！为早日实现

工业 农业 国防 科技，夺取新的胜利！向茅老爷

爷 报喜，我们做的机器人 在全国青少年科展会上，获得了二等奖。今后

我们向老爷爷：好好学习 天天向上！争取做个 学习100分

工作好 的 三好学生。我们 着爷爷的来 。祝老爷爷新年身

体 健康，工作 进步 致以最崇高的

江 太湖之滨 无锡市延安小学 全体组员贺

□ 无锡市延安小学科技小组送给茅爷爷的绘画信

从事科学工作五十年

荣誉奖状

茅以升 同志献身科学事业五十年，积极探索，努力实践，辛勤耕耘。为祖国科学发展、经济建设和人才培育做出了重要贡献。特予表彰。

中国科学院

一九八五年十月九日

从事土木工程工作五十周年的老专家
荣誉册
中国土木工程学会
一九八七年

□ 从事科学工作五十年荣誉证书

荣誉证
茅以昇
在创建和发展北京市科学技术协会及其
所属团体事业中做出卓越贡献
京市科学技术协会 1986

□ 北京科协授予茅以升的荣誉证牌

桥话

人的一生，不知要走过多少桥，在桥上跨过多少山和水。欣赏过多少桥的山光水色，领略过多少桥的画意诗情。桥在人类生活中的故事真是说不尽。无论在政治、经济、科学、文艺等各方面，都可看到各式各样的桥梁作用。为了要发挥这个作用，古今中外在这“桥”上所费的工夫，可就够多了。大至修成一座桥，小至仅仅为它说说几句话。大有大用，小有小用。这就是这个“桥话”的缘起。诗话讲诗，史话讲史，一般都是多谈，也不预订章节。有用就写，有话即长。桥话也是这样。如果有的竟然像奇谈或笑话，也请读者鉴谅。

□ 1963年二三月间，在《人民日报》上连载的《桥话》广受好评，并获得毛泽东主席的赞扬，此为结集出版时，茅以升亲笔撰写的前言作为著名的桥梁专家，接待来访者已经成为茅以升日常生活中的一部分，他对待每一位来访者都热情周到，尽自己所能提供帮助。

□ 和西南大学校长沈大元

为了培养工程人才，进行科普宣传，为了中国桥梁事业的发展，暮年的茅以升不惮辛劳，奔走于各地。

□ 1979年，在河北赵州桥纪念馆并与县领导合影

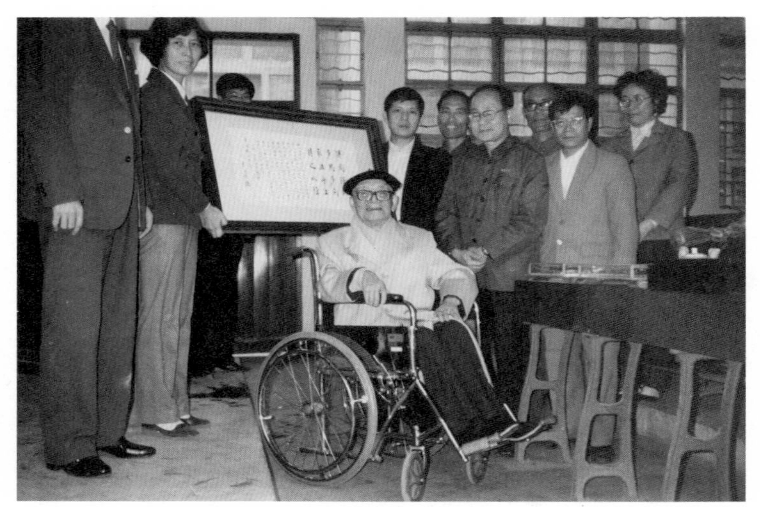

□ 1983年，在广州执信中学

□ 访问北洋工学院旧址时，和河北工学院（今河北工业大学）领导合影

□ 1985年，重游天津大学

□ 1985年，在杭州访问期间重游钱塘江大桥，和守桥战士合影

□ 慰问钱塘江桥守桥战士

□ 1987年9月26日，与昔日建造钱塘江大桥的同仁们故地重游，上桥留影

□ 在南京文德桥上

□ 在建桥现场视察

□ 在赵州桥畔

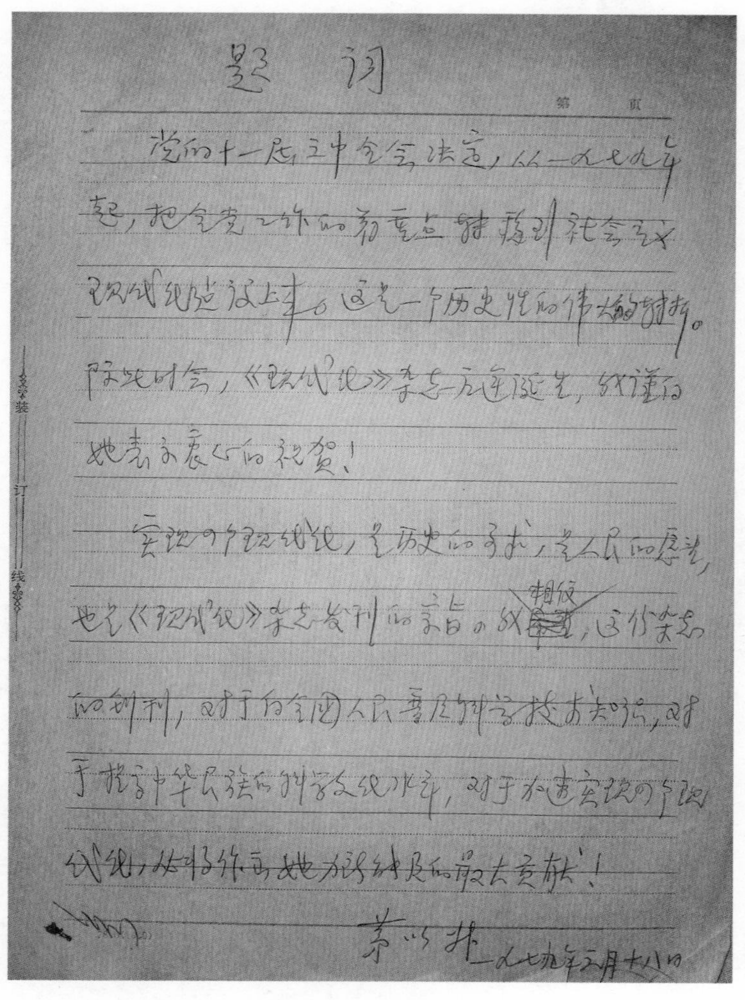

题 词

第 页

党的十一届三中全会决定，从一九七九年起，把全党工作的着重点转移到社会主义现代化建设上来。这是一个历史性的伟大的转折。际此时会，《现代化》杂志应运诞生，我谨向她表示衷心的祝贺！

实现四个现代化，是历史的要求，是人民的愿望，也是《现代化》杂志发刊的宗旨。我相信，这份杂志的创刊，对于向全国人民普及科学技术知识，对于提高中华民族的科学文化水平，对于加速实现四个现代化，必将作出她力所能及的最大贡献！

茅以升 一九七九年六月十八日

□ 为《现代化》杂志创刊题词

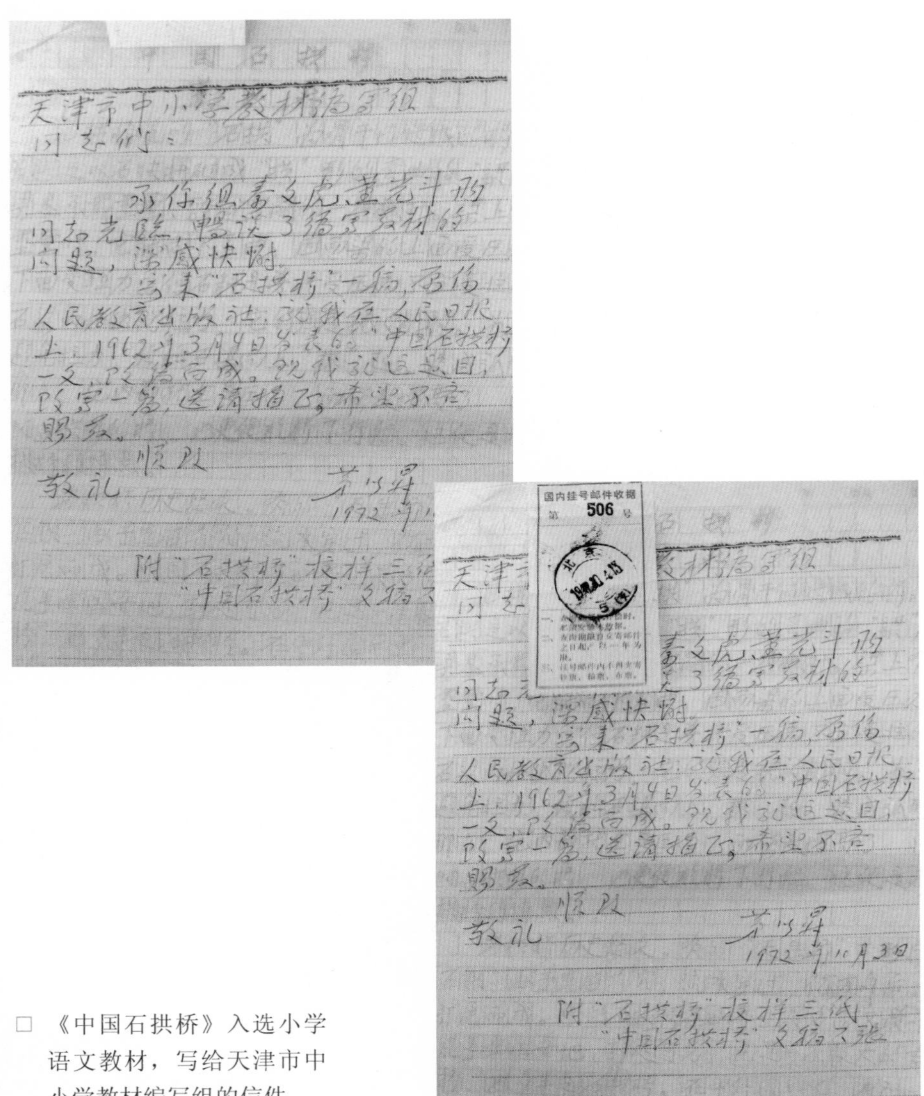

国内挂号邮件收据
第 506 号

天津市中小学教材编写组
同志们：

承你组秦文虎、董光斗两同志光临，畅谈了编写教材的问题，深感快慰。

寄来"石拱桥"一稿，原係人民教育出版社，就我在人民日报上，1962年3月4日发表的"中国石拱桥"一文，改编而成。现我就这些回，改写一篇，送请指正，希望不吝赐教。

顺致

敬礼

茅以升
1972年11月3日

附"石拱桥"校样三张
"中国石拱桥"文稿三张

□ 《中国石拱桥》入选小学语文教材，写给天津市中小学教材编写组的信件

語
文
YUWEN
中国石拱桥

胡绩伟 主编同志：

在9月1日举行中日友好条约的庆祝会之前，我写了一篇稿子，纪念郭沫若郭老对这条约的功绩，送给光明日报，本说可以发表，但后来又退回了。我的稿子，登不登毫无关系，但我总觉得郭老之功不可没。很多朋友都劝我将这稿子送给其他报刊试一试。现在我就先送给你报，如可登，请斧削，如不登，请退回。

渎神谅之

此致

敬礼

茅以升 1978.9.10

地址：西城三里河.南沙沟.三楼二门二号

电话：86,2919

□ 1978年，为纪念郭沫若为中日友好做出的贡献，写作一文投给《人民中国》，因故未被采用

人民日报社公用信笺

茅以升委员：

关于中日条约的宣传已告一段落，来稿经研究不刊用，只好割爱，请原谅。

此致

敬礼

1

在上海铁道学院的讲话

1978年5月31日下午

在上海市大张旗鼓宣传新时期的总任务和新宪法的今天，我承顾院长邀请来到铁道学院和各位同学见面，感到非常高兴，因为你我都是铁道系统中的一家人，我们今天干的，就是你们明天要干的，你们一定会干得比我们好，我预祝你们天天向上，在学习上取得连续不断的新胜利！

我们今天干的是什么呢？就是新时期总任务中的"铁路现代化"。铁路是国民经济中的大动脉，是先行官。在四个现代化中都有运输问题，不论陆运，水运，空运，都要现代化主要表现在四个字"多拉快跑"。多是数量问题但要质量好，快是速度问题但要安全，多到什么程度，快到什么程度，就是有没有现代化的表现。多与快的要求，决定于整个的国民经济计划。不能说越多越快越好而不问实际需要，那样不就是现代化，因为过头了。也不能强调物质条件限制~~现代化~~多与快，那就是落后了。国民经济计划是要现代化的。完成计划就是实现现代化。铁路现代化即不能拖国民经济计划的后腿，也不能超越国民经济计划的要求。不能单纯为了现代化而现代化。

我们是社会主义国家，社会主义现代化要结合实际，在这有地域性，现代指时间，地域指空间。不同的地方同一时期，有不同的现代化。比如一个农村，从油灯到电灯对它来说，就是照明现代化了，在上海，尽管高楼大厦而居民住房拥挤，街道非常繁华但仍然很狭窄，那在都市建设方面就还没有现代化。拿铁路来说，我们

铁道部科学研究院

□ 《在上海铁道学院的讲话》草稿 / 1

吴 Why 打消 第一次资源之，
不是光 Israel 口令要好，

物质现代化 精神现代化了

现代化与赶超

是国民经济发展的当然结果。

不能为现代化而现代化，为赶超而赶超。

~~铁路是国民经济大动脉，先行官~~

1) 1) 铁路现代化是四个现代化的先行官

表现在"多拉快跑"。多到什么程度，快到什么程度？

不能说越多越快越好。(a) 安全，(b) 货多质优 (c) 客运舒适。

(d) 稳定上升 (e) 服务劳动下降，(f) 配合经济发展需要

要有预见性，不能象铁路一样。

因此我国铁路现代化不同于别国现代化，有自己的要求，不能照抄。日本明石海峡铁路公路大桥跨径 1780 m 我国也要照办吗？我国铁路发展要从国民经济计划 不能作一个孤零零先行官，跑不能落后于计划，也不必跑得太快，脱离计划，形成浪费。

铁道部科学研究院

□ 《在上海铁道学院的讲话》草稿 / 2

2 何谓现代化？很简单，就是把"不适合於当时
当地的东西"化"为适合的东西。拿什么作适合不适合
的标准呢？决定于人民生活的需要。一个农村本来晚上点
油灯，现在有电灯了，对那个农村说，就是照明现代化了。拿上海
来说，有很漂亮的高楼大厦，但一般居民住房拥挤，有
条件的街道，但比较狭窄，那么，住房与街道就还没有
现代化。从个别例子来说，去上海工业展览会一看，里面有
许多现代化的东西，就是外国已经有的和还没有的东西。
再拿核爆炸与人造卫星来说，我国是世界上拥有核
威力的五个大国之一，而人造卫星能送回地面更只是三个大
国之一，能说我国没有现代化吗？不能。然而这些
个别现代化的东西，对广大人民的需要来说，那就
差得很远很远。我国现有九亿多人口，有多少人能
享受这些现代化成果呢？四个现代化的一个关键问题
就是敬爱周总理在三届人大会上说"全面实现四个现代化，
使我国经济走在世界的前列，成为社会主义强国。"注意
"全面"、"前列"、"强国"这几个字。所谓"全面"指的是
960万平方公里的土地，九亿多的人口，这是多么大的一个
"全面"呀！这九亿多人口处在不同地方，各方面的生活
条件，对偏僻地区的人口来说，如果今天他们能
有上海人民一般的生活水平来说，那么他们就可认为
已经现代化了，不必等到20世纪末，但上海人民觉得

铁道部科学研究院

□ 《在上海铁道学院的讲话》草稿 / 3

比起世界上工业发达的国家来说，还远远没有现代化。而那些工业发达国家的人民，并不满足于今天的现代化，还在~~异想天开地~~想入非非地要更进一步。

现代化特点当然是科学化，但未必人人都喜欢。对现代化的要求不但各地不同，甚至各人不同。

现代化指的物质方面，但精神方面如何呢？

现代化的科学技术全世界有统一标准。各国的现代化中科学技术的水平就有差异。

何谓水平，并非浪头。运动员锦标，一篇快全论之不代表国家水平。

铁道部科学研究院

□ 《在上海铁道学院的讲话》草稿 / 4

技術科学部提請院掌握的重大項目(草案)

1956,2,24

☆ ✓ 1. 核子工程及同位素的应用 (I-1)

☆ ✓ 2. 自動學及遠距离控制 (I-4)

☆ ✓ 3. 無线电工学 (I-6,7,8) 成了科系乎, 微波 超级 …

☆ ✓ 4. 半导体元素及半导体电子器件 (I-9)

☆ ? 5. 計量標準及計量技術 (I-3)

机电 6. 精密机械儀器、光学儀器及电子儀器 (I-2)

冶 7. 中國重要金屬資源的合理利用(包头大冶等铁山 錫山、鎢山、銅山等) (亚-3,5)

冶 8. 结合我国資源,建立合金系统特别是高温合金及特殊合金 (Ⅲ-4)

冶 ? 9. 钢铁冶煉技術的新發展及其理論 (Ⅲ-6,7)

矿 ? 10. 高生產力的採礦方法 (Ⅲ-1)

机 11. 燃気輪及活塞發動机 (Ⅲ-19,20)

☆ 机 ? 12. 飛机、飛弹及火箭 (Ⅱ-1)

机 13. 高效率、高金屬利用率、高精度的金屬加工方法 (Ⅲ-23)

机 14. 全国动力資源的利用及動力分佈 (Ⅱ-3)

□ 在《铁道部科学研究院技术科学部提请院掌握的重大项目（草案）》上做的细致批注 / 正面

广大地区的电力的综合利用。

15 高坝水力枢纽， ~~超高压……~~？ 及其设备 高压输电系统。 38

~~大坝水力发电站~~

大型水力发电站和高压输电系统（Ⅲ-26,28）

扩大液体燃料来源（Ⅱ-2） 固体与液体燃料综合利用

化工基本过程及設备（Ⅱ-12）？

基本有機合成工業的原料及工藝（Ⅲ-15）

交通运输的综合研究（Ⅰ-14）

建築企業的工業化（Ⅲ-36）

~~地下~~建築物（Ⅲ-35）

(21) 农业机械

大流域综合开发

农村建设规划

括號内係指計划小组1956年2月24日討論提出的"技術科学方面重要項目"内的編號。

各工业部门的研究应当做的，但也许不可能做的。科学院的有关应当做的，而又不谈到的，而没有重视大面积科学的。

与科学研究发展的情况，它去提出的要求，再配合实际。

技术科学部要抓的（应当研究的）（中间）

(1) 数理化部与工业部门间的边缘科学。

(2) 工业部门中的空白科学。

(3) 各工业部门 ~~[illegible]~~ 共同关键性的科学问题。（理论）

（即是工程技术的基本理论及指导明日生产的

(3) 各工业部门中的综合科学。

□ 在《铁道部科学研究院技术科学部提请院掌握的重大项目（草案）》上做的细致批注　/ 背面

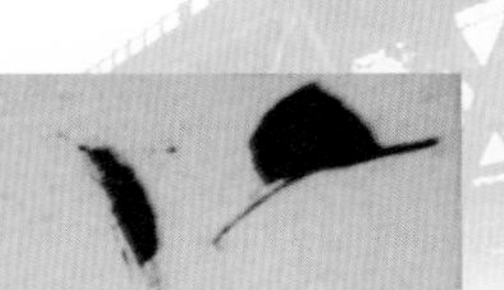

[illegible]规划中的重要[illegible]项目（草案）

1956.2.2[illegible]

1. [illegible]（1-1）
2. 自动学及远距离操纵（2-4）
3. 无线电工学（2-6,7,8）
4. 半导体元素及半导体电子器件（2-9）
5. 计量标准及计量技术（2-3）
6. 精密机械仪器、光学仪器及电子仪器（2-2）
7. 中国[illegible]资源的合理利用（[illegible]
   [illegible]）（五-3,5）
8. 结合我国资源，建立合金系统，特别是高温合金
   [illegible]合金（四-4）
9. 钢铁冶炼技术的新发展及其理论（四-6,7）
10. 高速度的採掘方法（四-1）
11. [illegible]（四-19,20）
12. [illegible]（五-1）
13. 高效率、高速度、高精度的金属加工方法
    （五-4）
14. 全国[illegible]资源的利用[illegible]（五-3）

十年樹木
百年樹人

祝賀
北方交通大学八十周年校慶

茅以升

一九八九年八月

铁路人才的搖籃

为北方交通大学八十周年校慶題

茅以升

一九八九年八月

□ 庆祝北方交通大学建校八十周年题词

QiaoLiang GongCheng

桥梁工程

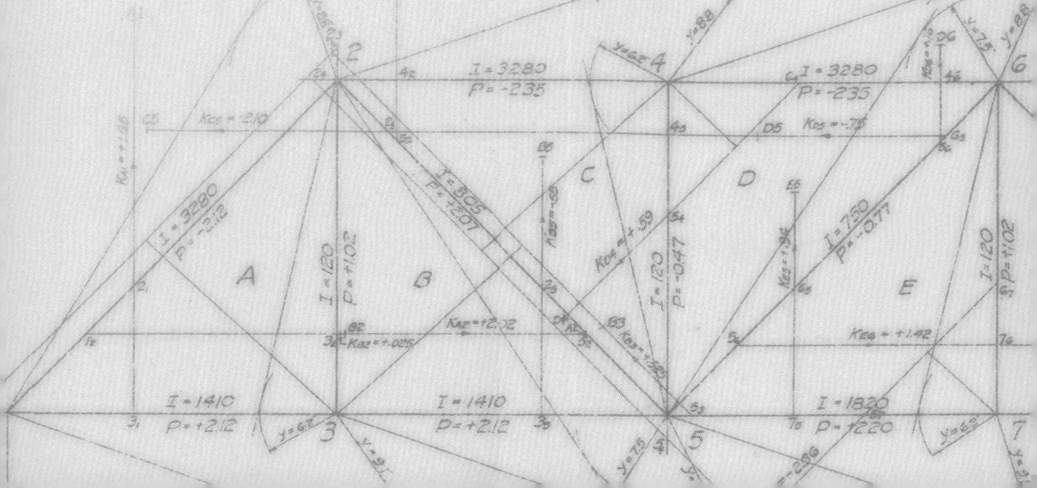

□ 青年时期的茅以升（右四）

□ 与友人游览

國立交通大學唐山工程學院試卷

姓　名＿＿＿＿＿＿

學科＿＿＿＿＿＿　　註册號數＿＿＿＿＿＿

土壤力學

I）土壤與工程

II）基礎工程之往績

III）理論設計之探討

IV）土壤性質

V）土壤[illegible]

VI）土壤試驗

VII）土壤研究

VIII）土壤力學

□ 《土壤力学》目录，全稿见全集第一卷

□ 《打桩学》草稿并不是一篇完整的文章，但其中的理论可以在茅以升其他的专业文章中找到详细论述 / 1

打桩学是下列技术科学的综合：理论力学，材料力学，土力学，水力学，建筑学，机械学，动力机械，电工学，混凝土学，等；而技术科学则是（数学，物理，化学，生物）基础科学的等的综合。

因此在打桩学中，引用了各种技术科学、基础科学，以及各学科，但只是每一学科内容了有关的极小一部分。

以后再做基础工程如管柱，沉井，沉箱，桩基，等等工作，则每门文学科学，包括更多的技术科学与基础科学；为工程物件设计，则需要更多的技术科学与基础科学，都可以与工作相配合的专业科学。研究则更多。

技术科学与基础科学学习了，则对已经学习的科学就可以贯通。

□ 《打桩学》草稿 / 2

《挡土墙土压力的两个经典理论中的基本问题》发表于《土木工程学报》1954年9月第1卷第3期，《茅以升全集》第一卷文稿即以此为蓝本。发表后，茅以升又在此文中做了小修。本卷将茅以升修改的部分呈现于此。

學者們中反而分裂出派別，彼此責難，弄得那些想學這門科學的人，目迷五色，竟不知從何下手．工程師們爲了要急於應用，當然對其中的是非，無暇過問，祇好看到公式就用，錯了也無可奈何．例如，不論是庫隆公式還是郎金公式，所得的土壓力都是極限壓力，對一般擋土墻來說，就是墻上最小的壓力．然而工程師們就拿這最小的壓力當做墻上的設計荷載而不自知．像這樣，由於理論中的原則性的糾紛而影響到工程設計質量，是何等不幸的事．因此，庫隆和郎金兩理論的價值是應當肯定下來的，然而其中存在的問題，所能應用的範圍，以及這兩種理論的比較，是都應當使之明朗化的．祇有在理論上掃清了障礙以後，工程師們才能對它有信心，才不致盲目前進．本文所以要提出問題，就是想在這明朗化的工作上有所幫助．

近年來採用庫隆理論的趨勢，大大超過了郎金理論，因爲依照最新精確理論的計算和試驗的結果，在主動壓力情況下，庫隆理論較郎金理論要準得多．這是當然的，因爲在郎金理論裏，墻與土間的摩阻力是不曾計及的．然而庫隆理論就因包括了這摩阻力以致和它基本假定發生矛盾，我們應否祇看一個理論應用的結果，而不管它原則性上有無問題呢？假如犯了原則性的錯誤但却貽害不大，這問題是否算解決了呢？其實，一個理論應用結果的準確與否是一個問題，而理論究竟對不對，是另一個問題．從科學研究的立場來講，原則性的是非，是應當高於一切的，這才叫做眞理．所以，儘管庫隆理論在主動壓力時可以採用，然而其中如有原則性的問題，還是應當提出的，這不但使工程師們能摸到這理論的底，特別對在校學習的同學們，幫助他們增强判斷是非的能力，也是很有必要的．

我所始終感覺惶惶不安的，不在我的意見是否錯誤（如果錯誤，發覺後不但對我，就是對步我覆轍的，也都是好的，這是非常值得歡迎的），而是在何以這些問題，兩百年來，未被發覺，或雖被發現而竟將信將疑地讓它過去．如果這些問題是非常深奧的，無人肯去鑽這牛角尖而我竟去鑽了，因而有了些收穫，那還可說；然而今天這些問題，都是非常淺顯的，在我這篇文裏，通篇找不到一個微積分算式，所用的力學原則也異常簡單，爲何這些顯而易見的問題，竟然會成了問題呢？這是我所最不了解的一件事．也正由此故，我以前從無勇氣將它搬出來；今天敢於這樣做，是經過了思想改造的結果．

關於本文，有幾件需要預先聲明的事．

1） 本文目的在指出問題，因此所要討論的對象，求其愈簡單愈好，只要是不妨礙問題的本質，能省就省．例如本文通篇所提的擋土墻，墻面是成一平形面的；

256 土木工程學報 1卷

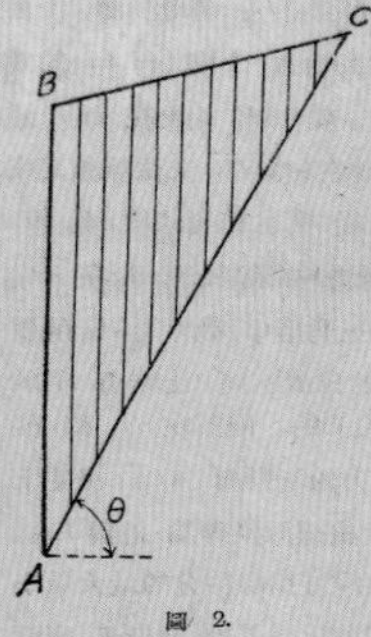

圖 2.

加大的一個直線規律(圖 2). 由於墻面 $\overline{AB}$ (圖 1)上的土壓力是和重力成正比例的，土壓力的分佈也是依着直線規律，因而總土壓力 E 的施力點就必須在 $\overline{AB}$ 下首 $\frac{1}{3}$ 點. 在圖 1 中，這個 E 的施力點是不隨假設滑動面 $\overline{AC_1}$, $\overline{AC_2}$, $\overline{AC_3}$ 等變更的. 現在，庫隆把墻上土壓力的傾角定死爲 δ，作爲一個邊界條件，那末，在那些假設的滑動面上，這個邊界條件便使滑動面成爲曲形面，並使面上土反力的分佈，脫離了直線規律. 然而，這些滑動面 $\overline{AC_1}$, $\overline{AC_2}$, $\overline{AC_3}$ 等都被庫隆假設爲平直形的面. 而在平形滑動面上，任何一點的大小主應力的方向是從上到下都不變的（從圖 17 中可見，不論摹爾圓在滑動面上的任何一點，$\overline{KWR}$ 角是不變的；如果 $\overline{WR}$，即滑動面，的方向不變，$\overline{WK}$，即小主應力面，的方向也不變），小主應力對大主應力的比例，也是從上到下都不變的. 這樣，平形滑動面上土反力的分佈，和墻上土壓力一樣，便和土重的分佈，受同一規律的限制，亦即直線規律的限制. 因此，滑動面上總的土反力的施力點，必須在平形滑動面的下首 $\frac{1}{3}$ 點，現在，從圖 1 中量出的 P_1, P_2, P_3, P_4 的量值既然都不相同，更非三分之一，庫隆理論中當然是有矛盾的了. 這個矛盾還可用一個更淺顯的說明指出來. 土楔如能在墻面和滑動面上同時滑動，假設 $\overline{AC_1}$ (圖 1)是平形墻面，上面邊界條件是土壓力的傾斜角爲 ϕ，$\overline{AB}$ 爲平形滑動面，土反力的傾斜角爲 δ，如果 $\overline{AB}$ 上土反力 E 的施力點是在 $\frac{1}{3}$ 點，爲何 $\overline{AC_1}$ 上土壓力 R 的施力點就不也在 $\frac{1}{3}$ 點?

有許多學者對這矛盾作了解說. 有的說，根據精確理論，滑動面上土反力的分佈並不依直線規律，然而這並非問題的焦點，庫隆理論本來就不是精確的. 問題在於滑動面是個平形面. 既是平形面，R 的施力點就必須在 $\frac{1}{3}$ 點. 在精確理論裏，滑動面是曲形的(圖7)土反力的分佈當然不同於平形面. 又有人說，根據試驗結果，總土反力 R 的施力點並不在 $\frac{1}{3}$ 點，這也是由於滑動面平形曲形的差異的緣故，假想的平形面在試驗裏是不會出現的.

(二) 滑動面的位置問題 土楔的滑動面是庫隆理論中的一個主要對象，而如何求出這滑動面的位置，更是庫隆理論中的一個重要關鍵. 如圖 1 所示，庫隆先

把土壓力 E 的方向固定起來，然後假定在土中可能出現某一方向的滑動面，每個滑動面通過墻脚．然後他從滑動面位置和土壓力大小的關係中，求出最大土壓力所决定的滑動面(指主動壓力)．同時，這個滑動面也就是他所需要的、能求出墻上土壓力的滑動面．上面說過，庫隆在隨意假設滑動面時，他毫未注意到滑動面上土反力的施力點．如果考慮到的話，同時承認土反力在任何一平形面上的分佈都遵從一個固定的規律，那末他假設那末許多滑動面是不可能的．如果土壓力的方向是固定的，通過墻脚只可能有一個平形滑動面，而這個滑動面也並非從最大土壓力來决定的．如圖 3，$\overline{AC}_1$，$\overline{AC}_2$，$\overline{AC}_3$ 爲通過墻脚的任何三個平形面，在這些面上，土

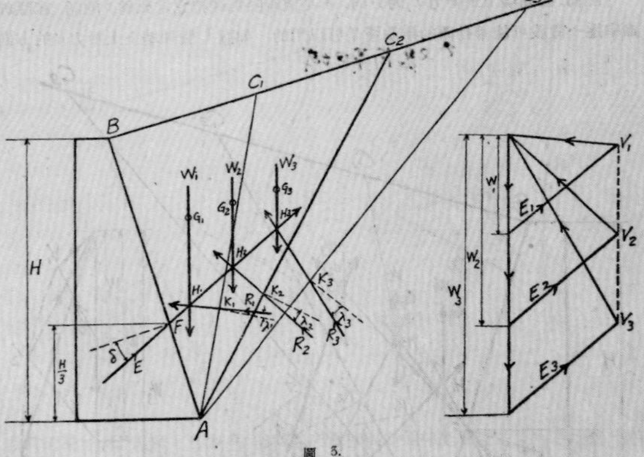

圖 3.

反力的分佈有一定的規律．這規律是和土重及墻上土壓力的分佈規律一樣的，因而在這些面上總的土反力的施力點就是在面上下首的三分一點，就是 K_1，K_2 和 K_3．墻上土壓力 E，和在圖 1 中一樣，通過墻身的下首三分一點，依固定的傾斜角 δ 的作用線，切 $\overline{ABC_1}$ 的重力線 W_1 於 H_1，切 $\overline{ABC_2}$ 的 W_2 於 H_2，切 $\overline{ABC_3}$ 的 W_3 於 H_3．$\overline{AC_1}$ 面上土反力 R_1 的作用線一定通過 H_1 和 K_1，因而定出 R_1 的傾斜角 λ_1．同樣，$\overline{AC_2}$ 上 R_2 的傾斜角由 $\overline{H_2K_2}$ 定爲 λ_2，$\overline{AC_3}$ 上 R_3 的傾斜角由 $\overline{H_3K_3}$ 定爲 λ_3．現在，從已知的 W_1, W_2, W_3 的量値，以及土壓力的固定方向和求出來的土

258 土木工程學報 1卷

反力的方向、在力三角形中，就可求出土壓力的量值． 很奇怪，所求出的 E_1, E_2, E_3 的量值都是相等的，庫隆所希望的最大土壓力，這裏竟然看不到！我們祇好把這幾個土反力的傾斜角 λ，實地量一量，其中最大的一個，便指出可能的滑動面． 假如 λ_2 是最大的，那末，$\overline{AC_2}$ 便可能是滑動面，如果 λ_2 是大得和土中內摩阻角 ϕ 相等，$\overline{AC_2}$ 就真的是滑動面． 其他 $\overline{AC_1}$、$\overline{AC_3}$ 等面上的傾斜角 λ 都小於 ϕ，就都不可能是滑動面． 我們還要注意到，假如 λ_2 是非常之大，大得超過 ϕ，那末，滑動面在何處呢？這時，土壓力 E 的傾斜角就再不能維持固定的 δ 了，它必須縮小，小到不使 λ_2 超過 ϕ 的程度． 因此，滑動面還是 $\overline{AC_2}$．

然而，假如墻上土壓力 E 的方向、不是像庫隆那樣把它定死爲 δ 的話，庫隆理論中逐一假設可能滑動面的辦法還是可以用的． 如圖 4，假如墻上土壓力 E 的方向

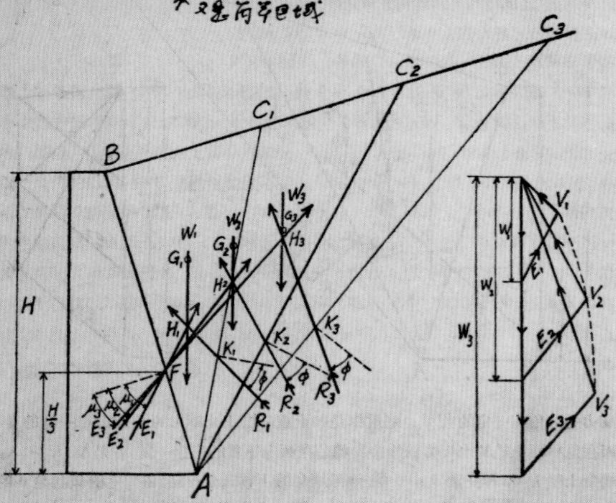

圖 4.

不是固定的 δ，而是從力學原則來決定的，那末，我們就可假想 $\overline{AC_1}$、$\overline{AC_2}$、$\overline{AC_3}$ 等都是可能的滑動面了． 在這些面上的土反力 R_1, R_2, R_3 的傾斜角就都等於 ϕ． 這些土反力的施力點，和在圖 5 中一樣，在 K_1、K_2、K_3 的 $\frac{1}{5}$ 點處． 它們的作用線和土楔

着平衡條件而變更,然後用其中一個因素的大小來決定滑動面. 從圖 5 可以看出真的滑動面決定於土壓力的最大的量值，或最小的傾斜角. 然而庫隆却把土壓力的傾斜角定死了，不管什麼滑動面通過墻角、這個傾斜角都是 δ. 也就是說，庫隆的土楔不管土中滑動面有什麼方向，它都是能在墻上滑動的. 祇不過土楔在墻上的壓力的量値有大小的不同而已. 最大的量値定出我們所要求的滑動面. 這樣，不僅在力學上有矛盾，物理概念上也有了問題，因爲祇要土楔能滑動，墻上的土壓力就到了極限，就是我們所要求的土壓力. 現在土楔旣能在墻上滑動(土壓力傾斜角固定爲 δ) 又能在土中很多的面上先後滑動（各面上土反力傾斜角都假定爲 ϕ)，那末，每一個面定出的土壓力都是極限値了，這極限値的意義何在呢？ 土壓力量値的大小在此地是沒有極限意義的，極限意義決定於土楔能否滑動，在土楔正要滑動時的土壓力才是極限壓力. 在土楔向一個方向滑動時，土壓力的極限値祇可能有一個而不能有兩個，更談不到什麼最大了. 因此，庫隆在爲了求滑動面而採用的另一個條件中，把土壓力的傾斜角預先固定爲 δ，就把他的極限壓力的概念也弄糊塗了. 爲了澄清這個概念，在假設滑動面爲平直面的條件下，土壓力的傾斜角是萬不能預先定死的. 庫隆把它定死爲最大的 δ，但從圖 5 中，這傾斜角在眞的滑動面時反倒是最小的！ 眞的滑動面祇能以最大量値的土壓力來決定，在變更土壓力的量値時，不應定死土壓力的方向.

如果庫隆一定要定死土壓力的方向，也就是一定要土楔能在墻上滑動，那末，他便不能預先假設土中先後有那末多可能的滑動面. 他便只能逐一假設一個面通過墻角，面和墻的夾角爲 x，面上土反力的傾斜角爲 λ，然後在土壓力傾斜角爲 δ 的條件下，求適應於最大 λ 的 x 值 $\left(用 \dfrac{d\lambda}{dx}=0 來求 x\right)$，再從 x 値求出 λ_{max} 和土壓力的量値. 這時 λ_{max} 値是不一定等於 ϕ 的，因而有這個 λ_{max} 傾斜角的面，也不一定是滑動面. 如果庫隆一定要滑動面，土壓力的傾斜角就不能定死爲 δ.

上面一再提到，在庫隆理論中眞的滑動面是從最大的土壓力求得的. 但這所求出的滑動面，是爲了什麼呢？ 爲了要求墻上的極限土壓力. 這個極限土壓力是假定墻能向外側傾，傾到無可再傾、再傾土即崩潰時才產生的. 這樣產生的土壓力，從量値言，當然是墻上最小的（指主動壓力）. 這個最小的土壓力和求滑動面時需要的最大土壓力有什麼關係呢？ 庫隆說它們就是一個東西. 求滑動面就是爲了要求這極限壓力. 然而，爲什麼這個土壓力是最大而同時又是最小的呢？

(六) 土壓力的最大最小問題 原來庫隆所謂最大土壓力是因爲他假設了許

從上面提出的六個問題中可見庫隆在理論上是有力學上的矛盾的. 因而在學習這理論時總不免引起思想上的混亂. 首先, 他把最大土壓力和最小土壓力混爲一談, 明明是墻上最小的土壓力, 但他在求滑動面的方法中, 因爲用了最大土壓力爲手段, 就易使人將這手段誤認爲目的, 以爲這個土壓力也就是墻上可能產生的最大土壓力. 其次, 他把眞的滑動面和假定滑動面混爲一談, 在假設土楔爲力學孤立體, 受一定平衡條件支配時, 祇有在土壓力傾斜角不作硬性規定時, 這土楔才有眞的滑動面, 否則如這傾斜角是固定的, 那末, 這土楔便祇能有假的滑動面, 也就是祇能有最大傾斜面. 再其次, 以上這個眞假問題是由於庫隆把曲形滑動面和平直的滑動面混爲一談而引起, 祇有採用曲形滑動面, 才能在固定的土壓力傾斜角條件下產生眞的滑動面. 就因爲庫隆理論中有這許多混亂, 在叙述這理論時就不免顧此失彼, 捉襟見肘了. 比如在討論土反力的傾斜角時就不管它的施力點; 在指定土壓力傾斜角爲 δ 時, 就不管土中有無滑動面; 管了土中滑動面又管不了墻與土的分裂等等. 甚至有的書中, 强詞奪理, 要爲這些問題作辯護, 但結果是愈說愈糊塗. 然而這些問題是應當予以澄清的, 否則庫隆理論就不成其爲經典的理論. 現在提出一個澄清混亂的意見, 並介紹一個作圖新法.

(七)　對庫隆理論的一個建議　現在再把庫隆理論中的基本概念重行叙述一下: 假如擋土墻有向外或向內側傾的可能時, 墻上土壓力即因之變更, 包括量值及傾斜角; 在側傾到一定程度, 再傾便使墻和土分裂而且同時土中出現滑動面, 因而分裂出一個土楔壓在墻上時, 這時墻上土壓力便到了極限, 極限值可從土楔的靜力平衡條件來求得. 墻向外傾時的極限值爲主動壓力, 向內傾時的極限值爲被動壓力. 根據這個基本概念計算土壓力時, 作者建議先作兩個假定: 1)假定土中滑動面爲平直面; 2) 在這平直滑動面形成時(土和墻還未分裂)假定(這時)求得的土壓力爲"臨近極限值", 就是將到而未到的極限值. 然後, 將滑動面加以彎曲, 使土能和墻分裂, 同時土中仍有滑動面, 再將土壓力從臨近極限值調整到極限值. 這極限值便是所欲求的主動或被動壓力. 在主動壓力時, 滑動面的形狀雖然彎曲但和平直形狀相差無多, 因而可用一個平直面來代替, 而求出的臨近極限值也和極限值相近似. 正因如此, 所以庫隆理論在計算主動壓力時所得的結果才能和精確理論及從試驗所得的結果相接近. 但在被動壓力時, 滑動面的形狀彎曲過甚, 就非一個平直面所能代替, 因而庫隆公式的誤差, 達到不能容許的程度. 同樣, 在擋土墻有向填土俯伏的坡度時, 就是在主動壓力時, 滑動面的彎曲也非一個平直面所能代替, 因而庫隆公式也失效了.

根據上述的兩個假定，現在介紹一個圖解新法來求垂直或仰伏擋土墻上的主動土壓力。在圖 9 中，$\overline{AB}$ 爲仰伏墻面，$\overline{BC}$ 爲地面，假定 $\overline{AC}$ 爲平直的滑動面，與墻面相交成 χ 角。由這滑動面形成的土楔 $\overline{ABC}$ 便在土楔重力 W，墻上土壓力 E 和滑動面上土反力 R 的三個力量支配下而得到平衡。土反力 R 的傾斜角爲 ϕ，因爲 $\overline{AC}$ 是假設的滑動面；土壓力 E 的傾斜角爲 μ，(小於 δ) ~~因此這時土楔不與墻分裂~~。R 和 E 的施力點都在作用面的下首的 $\frac{1}{3}$ 點處。W, E 和 R 三個力相交於 H 點。用下列作圖法求 R 的量值和 E

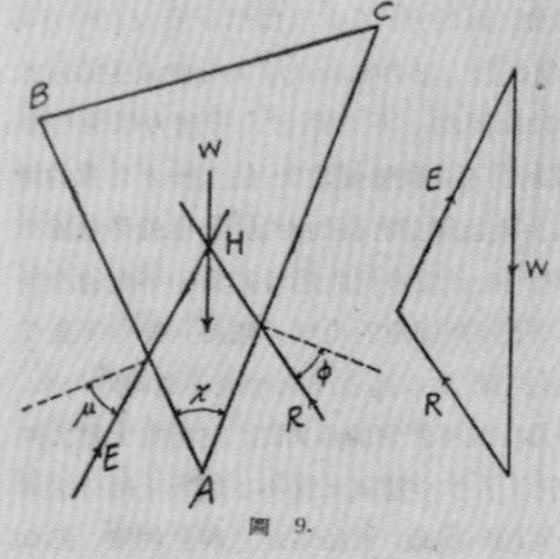

圖 9.

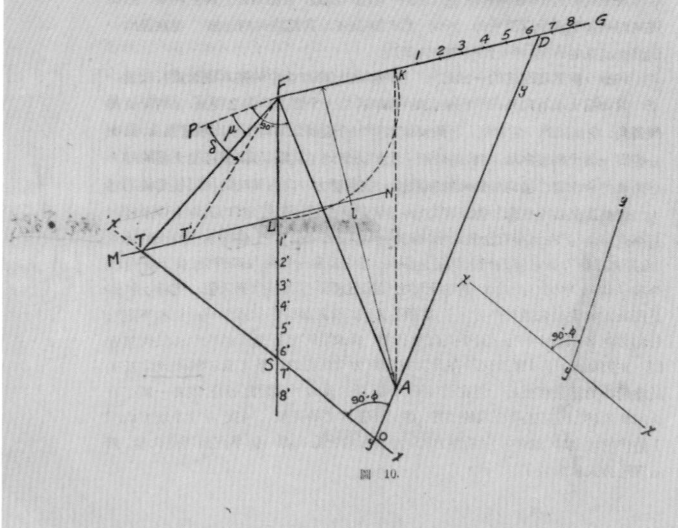

圖 10.

T''、T''' 等點的標記. 每一個 T 點都和 y-y 線在同時定出的滑動面相適應. 從這許多 T 點的標記中, 取其距離 $\overline{FS}$ 線最遠的一個. 那便是所需要的一個點用來決定眞的滑動面和所產生的土壓力. 假定圖 10 中 T 就是這個點. 那末, $\overline{AD}$ 就是所求的滑動面, $\overline{TF}$ 是所求的最大量值的土壓力, 它的傾斜角是 μ, $\mu < \delta$.

這樣求出的最大量值的土壓力, 根據上面的假定, 就是所謂臨近極限值, 因爲它雖是在土中有滑動面時才產生, 但那時它的傾斜角是 μ 而非 δ, 因而土楔還未與墻分裂, 這時土壓力就非極限值. 這個臨近極限值是大於極限值的. 因爲 $\mu < \delta$ 而 T 點必須在 $\overline{MN}$ 上. 爲了求極限值, 現在再假設土壓力的傾斜角爲 δ, 但土中不出現滑動面, 而上土反力的傾斜角爲 λ, 小於 ϕ. 在另一張薄的映圖紙上, 作圖 12, 其中 y-y 線與 x-x 線的夾角爲 $90° - \phi$, $90° - \lambda_1$, $90° - \lambda_2$ 等. 拿這紙蓋在圖 13 上, 使 x-x 線通過 V 點, ($\overline{VF}$ 爲有傾斜角 δ 的土壓力) 然後求某一 y-y 線的位置, 使 x-x 線在 $\overline{FS}$ 上所截的線段等於這 y-y 線在 $\overline{FG}$ 上所截的線段. 這時的 y-y 線定出一個 λ 值. 然後移動映圖紙, 再求另一 y-y 線的 λ. 從最大的 λ 值, y-y 線便定出這時土楔的最大傾斜面 $\overline{AD}$, 而上土反力的傾斜角等於這 y-y 線上所標的 λ_2, $\lambda_2 < \phi$. 在力三角形中, 看出這時的土楔重力爲 $\overline{FS}$, 土反力 R 爲 $\overline{SV}$, 土壓力爲 $\overline{VF}$. 因爲土壓力的傾斜角爲 δ 但土反力的傾斜角爲 λ_2 而非 ϕ, 這時土楔便祇能與墻分裂, 而無土中滑動面. 因此, 這時求得的土壓力 $\overline{VF}$ 也非極限值, 而是另一個臨近極限值. 這個臨近極限值是不變的. (V 點必須在 $\overline{MN}$ 上) 而且小於極限值, 因爲 δ 是最大的 μ 角.

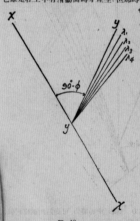

圖 12.

現在, 根據滑動面爲平形面的假定, 求出了墻上土壓力的兩個臨近極限值. 一是圖 10 中的 $\overline{TF}$, 大於極限值, 那時土中有滑動面 ($\lambda = \phi$) 但土與墻不分裂

3 期　茅以昇：擋土牆土壓力的兩個經典理論中的基本問題　269

T'', T''' 等點的標記. 每一個 T 點都和 y-y 線在同時定出的滑動面相適應. 從這許多 T 點的標記中, 取其距離 $\overline{FS}$ 線最遠的一個. 那便是所需要的一個點用來決定眞的滑動面和所產生的土壓力. 假定圖 10 中 T 就是這個點. 那末, $\overline{AD}$ 就是所求的滑動面, $\overline{TF}$ 是所求的最大量値的土壓力, 它的傾斜角是 μ, $\mu < \delta$.

這樣求出的最大量値的土壓力, 根據上面的假定, 就是所謂臨近極限値, 因爲它雖是在土中有滑動面時才產生, 但那時它的傾斜角是 μ 而非 δ, 因而土楔還未現點分裂, 這時土壓力就非極限値. 這個臨近極限値是大於極限値的, 因爲 $\mu < \delta$ 而 T 點必須在 $\overline{MN}$ 上. 爲了求極限値, 現在再假設土壓力的傾斜角爲 δ, 但土中不出現滑動面, 面上土反力的傾斜角爲 λ, 小於 ϕ. 在另一張薄的映圖紙上, 作圖 12, 其中 y-y 線與 x-x 線的夾角爲 $90° - \phi$, $90° - \lambda_1$, $90° - \lambda_2$ 等. 拿這紙蓋在圖 15 上, 使 x-x 線通過 V 點, ($\overline{VF}$ 爲有傾斜角 δ 的土壓力) 然後求某一 y-y 線的位置, 使 x-x 線

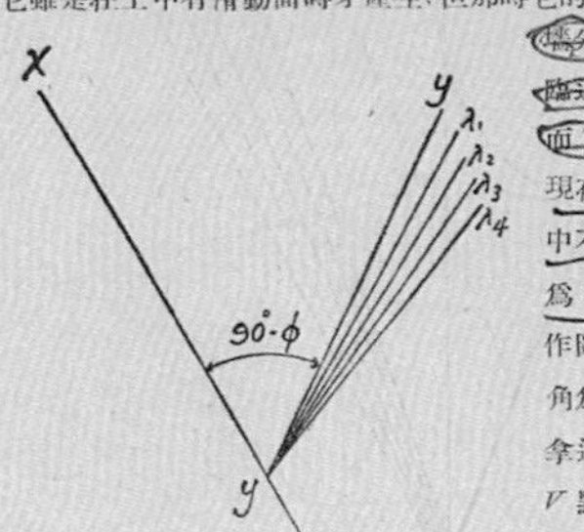

"现在，根据滑动面为平形面的假定，求出了墙上土压力在极大和极小时所决定的临近极限滑动的两个面；真正的曲形滑动面，位于这两个面的中间，从这中间滑动面求出的土压力，就是极限土压力"。(如在图15中，$\overline{AC_1}$和$\overline{AC_2}$是临近极限时滑动的两个面，$\overline{AC_3}$是代替曲形的一个平形滑动面，由此代替滑动面求出土压力的极限值。)

这个极限土压力是以那两个最大倾斜面所决定的两个临近极限值为上下限的。

270　　土木工程學報　　1卷

$\mu < \delta$，一是圖 15 中的 $\overline{VF}$，小於極限值，那時土中沒有滑動面 $\lambda < \phi$，但土與

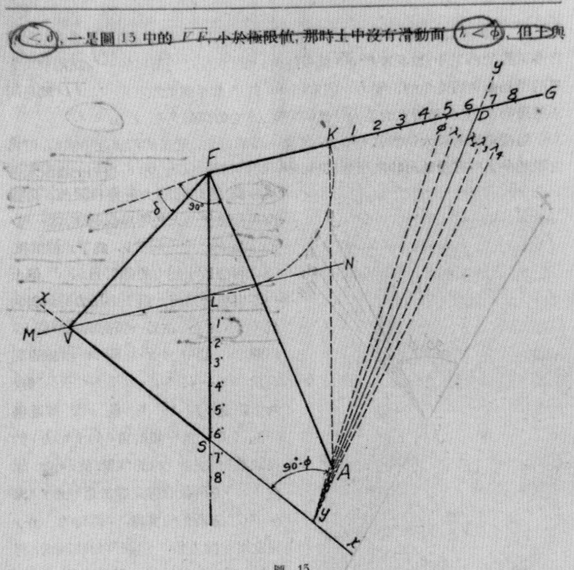

圖 15.

牆分裂 $(\mu=\delta)$. 最後所需求的極限土壓力，也就是主動壓力，可從這兩個臨近值，用下述近似法得之.

在牆上土壓力到達極限值時，必須土楔要能在滑動面和牆面同時滑動，亦即要土壓力的傾斜角爲 δ，而土反力的傾斜角爲 ϕ. 這在假設滑動面爲平直面時是不可能的. 因此在求土壓力的極限值時，必須恢復滑動面的彎曲形狀. 這個曲形面的公式是可用微分方程求出的. 但在主動壓力時，這曲形面與平直面相差無多，因可用一近似法來代替精確法. 在圖 14 中，$\overline{TF}$ 爲上述的第一臨近極限值，那時土中滑動面爲 $\overline{AD_1}$，$\overline{VF}$ 爲第二臨近極限值，那時土中的最大傾斜面爲 $\overline{AD_2}$. 因爲極限值位於這兩個臨近值之間，而土壓力是隨着土楔重變化的，假定曲形滑動面位於

$\overline{AD_1}$ 和 $\overline{AD_2}$ 中間，而且這曲形滑動面土楔的重力和平直滑動面土楔 $\overline{ABC_3}$（圖

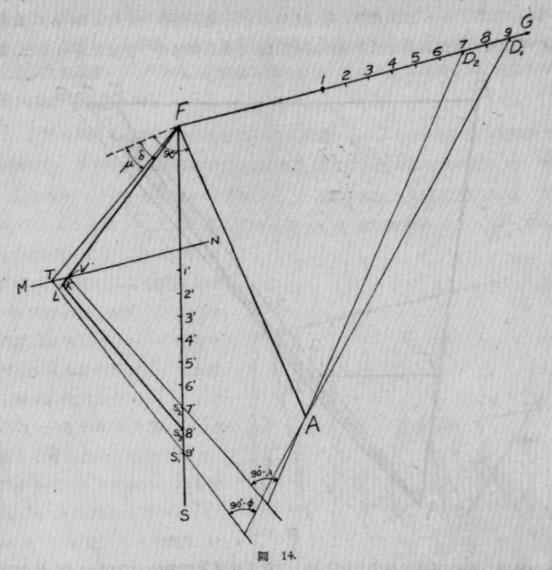

圖 14.

15）相等．因此，在圖 14 中的力三角形中，這 $\overline{ABC_3}$ 的重力便是 $\overline{FS_3}$．在曲形滑動面時，上面總的土反力的方向是決定於曲面上各分段的土反力的，如在圖 7 中所示．再假定這總的土反力的方向為圖 14 中兩個 Y-Y 線的中間，從 S_3 點作這樣一根線截 $\overline{VF}$ 的延長線於 K．那末，$\overline{FS_3K}$ 就是現在所需要的最後的力三角形；其中 $\overline{FS_3}$ 為曲形土楔的重力，$\overline{S_3K}$ 為曲形面上總的土反力，$\overline{KF}$ 為墻上極限土壓力．在這力三角形中，有兩個假定，一是 S_3 點，二是 $\overline{S_3K}$ 的方向，但這是都不違反力學的原則的．

用上述作圖法求庫隆的極限土壓力 $\overline{KF}$，是並不費事的，可用實驗來證明．拿

現更建議一個方法，使在朗金理論中，得出庫隆理論所希望的結果．庫隆理論的特點，應用到朗金理論中，便是要小三角體 $\overline{abc}$ 的 $\overline{ac}$ 面上應力的傾斜角等於 ϕ，同時 $\overline{ab}$ 面上應力的傾斜角等於 δ，其中 ϕ 和 δ 都是指定值．從圖 18 可以看到，這兩個要求是有矛盾的，ϕ 和 δ 是不能同時存在的．然而如果在 $\overline{bc}$ 面上加一剪力 S，這問題便解決了．這便是將 μ 改變爲 δ 的影響由所引出的一個剪力來抵銷，好像在鋼結構中，由於結點的剛性作用引出次應力一樣．在圖 19 中作 $\overline{mm}$，$\overline{OQ}$、$\overline{OR}$，$\overline{OE}$ 等線，與圖 18 同．作 $\overline{OW}=w\cdot y$，w 爲 $\overline{bc}$ 面上土柱的單位應力，從 W 畫 $\overline{WT}$ 線，與 $\overline{bc}$ 平行．現在作一摹爾圓，其條件如下：圓的中心點 Q 在 $\overline{OQ}$ 線上，切 $\overline{OR}$ 線於 R，交 $\overline{WT}$ 於 P，交 $\overline{OE}$ 於 E，其時 $\overline{PE}$ 與墻面 $\overline{ab}$ 平行．於是單位土壓力爲 $\overline{OE}$，其傾斜角爲 δ，單位土反力爲 $\overline{OR}$，其傾斜角爲 ϕ．在小三角體 $\overline{bc}$ 面上的單位剪力爲 $\overline{PU}$，法向單位應力爲 $\overline{UO}$，總的單位應力爲 $\overline{OP}$，傾斜角爲 ρ．這個作法的關鍵在加入平衡剪力 $S=\overline{WP}$．這個剪力 $\overline{WP}$ 和重力 $\overline{OW}$ 有一定關係，可從精確理論運用邊界條件而得．然而在圖 19 中，所考慮的祇是墻面上的一個點，因而這個關係是從 $\overline{OU}$ 不變的假定求出，其目的祇在說明平衡剪力對解決 δ 和 ϕ 中間的矛盾的作用．至於 $\overline{OP}$ 的正確求法，作者當另文介紹．圖 19 中的剪力 S 是使滑動面形成彎曲的一個原因，同時也使土楔內的應力複雜化了，因而在土楔內形成了一個"非簡單極限平衡"的區域．這個平衡剪力的建議就是作者在 1942 年向賓薩基教授請教的．後來登載於 1948 年出版的前中國土壤工程學會的彙報第一期．

三．庫隆理論和朗金理論的統一問題

從以上的敘述中，可見庫隆和朗金的理論雖屬兩大派別，各有陣地，幾乎爭吵了一百年之久，然而究其實際，它們是大同小異的．它們相同之點如下：

（1）都是以土中最大剪力的極限概念爲出發點的．這最大剪力在庫隆便產生了土楔的滑動面，在朗金便產生了應力平衡時的最大傾斜面．面上應力的傾斜角，在庫隆必須等於土的摩阻角 ϕ，而在朗金，這傾斜角可能是 ϕ，也可能小於 ϕ．但這極限概念是完全相同的．而且如何實現這個極限，在兩種理論中，也是相同的，都是假設墻有側傾的可能，因而所得的土壓力都是極限壓力，即主動土壓力和被動土壓力．

（2）在物理性質上，墻與土的假定，兩種理論都相同的．如墻的彈性和土粒

中國橋梁公司發展計劃書

緣起

本公司係民卅二年春由交大部發起組織計股本貳仟萬元內交大部及各路占壹千萬元中國銀行叁佰萬元交通銀行四佰萬元中國興業公司叁佰萬元別無私人股本現任董事部方為曾養甫楊承訓趙祖康張自立劉景山銀行及公司方為霍宝樹陳隽人湯鉅趙棣華傅汝霖胡光麃十一人董事長曾養甫總理茅以昇

資產

原在廣西柳州設有橋梁廠曾承製西南公路局鋼梁多座嗣於卅三年冬拆遷於金城江現仍停留該處此外黔桂鐵路沿線存運出之鋼料約五千噸重慶有房產數所總計資產現值約貳億元

人員

本公司工程人員多係由前錢塘江橋工程處武漢大橋設計處及交大部橋梁設計工程處調來約共三十人均係國內橋梁技術中堅人員內有十人由交大部派赴美國考察實習由公司担負費用現已有三人返國

工作

本公司過去曾担任修建西北公路局大小橋梁十座西南公路局鋼橋七座川陝公路局橋梁一座均早經完工

此外本公司受交大部之委托曾為代辦國有鐵路橋梁之標準設計及向善後救濟總署申請材料之鋼

□ 这篇《中国桥梁公司发展计划书》是以竖排形式写在白纸上的，文工意明，显示了茅以升深厚的文字功底和严谨的工作作风 / 1

2

橋材料表報等工作均屬義務性質現時本公司受重慶市政府之委托在渝办理揚子江及嘉陵江兩大橋之設计工作近復受上海市政府之委托在滬办理黃浦江越江工程之設计工作

希望

本公司設立之目的原欲为各鐵路公路解决橋梁问题俾不致長期仰賴外人或受國内包工之壟断故必須健全本身組織加强实力方能担負其使命在此創始时期尤必賴 大部之扶植保育樹其基礎方能期其發展

计劃

(一)擬請 大部將部轄之山海关橋梁廠及北平豐台附近前日人商营之橫河橋梁工廠均交本公司代办其办法另定之

(二)擬請 大部將向善後救济總署申请得之橋梁工廠之機器設備撥交本公司設立武漢橋梁廠製造平漢粵漢等路之鋼橋及車輛

(三)擬請 大部將向善後救济總署申请得之修橋工具机器及設備酌撥本公司應用以便承办鉅大橋工免因工具关係長受私人包商之要挟

(四)擬請 大部將平漢鉄路新黃河橋之設计

□ 《中国桥梁公司发展计划书》 / 2

3.

及筹備事宜交本公司代办以便争取时机

（五）为達成上述之任務计本公司宜即擴充组織由 大部從新指派部屬董事并由本公司延攬國外专家協助積極進行

結論

橋樑事業本宜商業化本公司原屬國營性質所有組織制度與人事尚可發揮商業化之效用祇以限於資本未能充分利用固有之人才達到創設公司之本意今后如 大部補助充实其設備則重要橋樑之修復與建造可負責機構办理对於公路之復興當不無貢獻也

□ 《中国桥梁公司发展计划书》 / 3

《关于10个力学问题》的原稿因有损毁，无法呈现文稿，在原稿的第1和第2页，可以清晰地看见右下角的水渍。文稿中茅以升对于力学问题的解释可参阅全集第一卷相关文章。

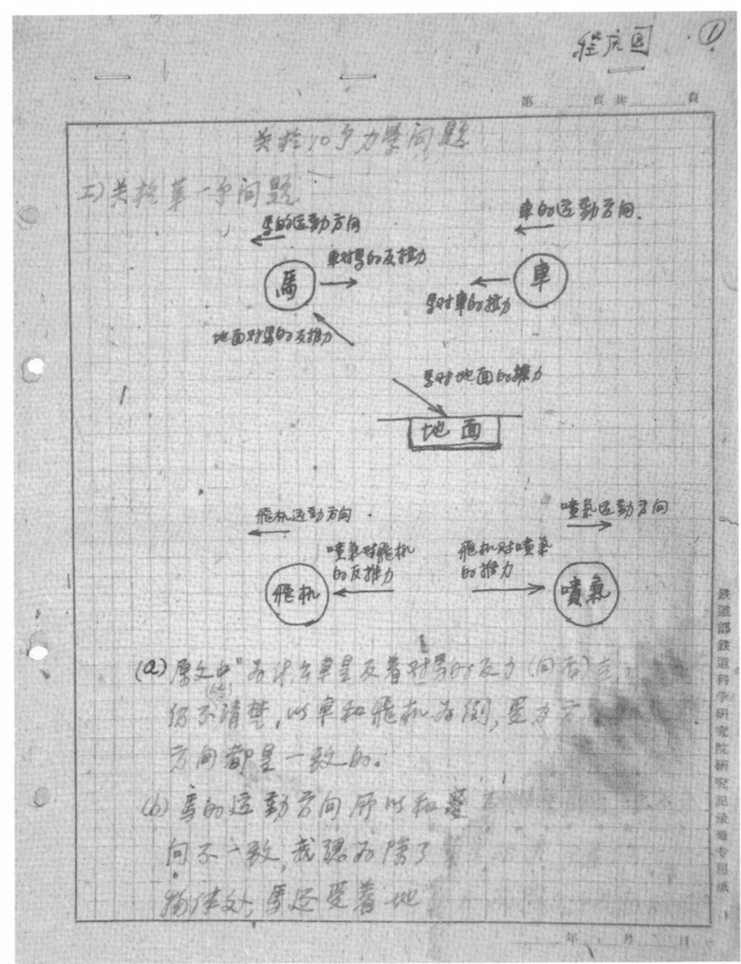

第　　页共　　页

关于10个力学问题

1）关于第一个问题

(a) 原文中"为什么车是反着对马的反力（向后）……"

……以车和飞机为例，……

方向都是一致的。

(b) 马的运动方向……

向不一致，……

铁道部铁道科学研究院研究记录专用纸

年　月　日

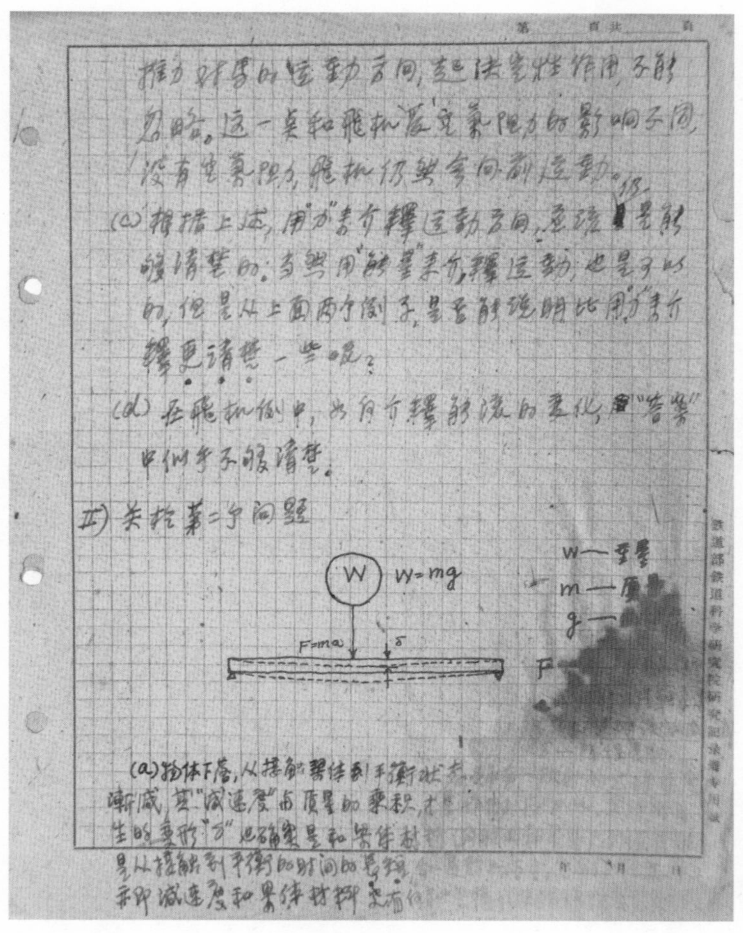

第　页　共　页

推动叶片的运动方向，这些法向惯性作用不能忽略。这一点和飞机没有空气阻力的影响不同，没有空气阻力，飞机仍然会向前运动。

(c) 根据上述，用"力"来介释运动方向，应该是能够清楚的。当然用"能量"来介释运动，也是可以的，但是从上面两个例子，是否能说明比用"力"来介释更清楚一些呢？

(d) 在飞机例中，如何介释能量的变化，在"答案"中似乎不够清楚。

II) 关於第二个问题

(a) 物体下落，从接触梁体到平衡状态
渐减，其"减速度"与质量的乘积，
生的变形"力"也确实是和梁体材
是从接触到平衡的时间的长短
并即减速度和梁体材料变形

铁道部铁道科学研究院研究记录专用纸

年　月　日

~~的种关係？(仅指弹性变形p⊂⊂段，不包括塑变p⊂⊂段)。~~

(b)如果我们所指作用力係Force，而不是指stress，即与这种物体材料的作用力(亦即荷载)，应该就是地球对物体的吸引力(重量)，而和物体材料性能无关。

(c)"超静定"的定义，应如何理解？有些结构可以不管构件尺寸和材料性能，而确定其内力的大小？有些就不能？这是不是"静定"和"超静定"的基本区别？这些根本区别是否是客观存在？当然就"变形"及可能产生的"次要应力"来说，任何结构，都非例外。

~~Ⅲ) 关于(3)(4)(5)(6)四个问题，都和刚体"弹体"相关，所讲这些实例中提到的都应该是弹体，而非刚体。但是像第(5)个问题中，碰撞后的情况究竟如何？是不是"当V_A逐渐减少到和增加的V_B相等以前，V_A总还是大於V_B，而A还是跑在前面"？~~

Ⅲ)关於第三个问题——"答案"中已阐明得很清楚。"作用力和反作用力当然同时出现，""球所以能从墙壁碰回，以及从某一工具中发射出来时，的确必须经过一个变形的阶段。

Ⅳ)关於第四个问题，有下列意见：

(a)本例中所要着重说明的，是大小两球在碰撞中球的刹那间，具有相等作用力的情况。因此它们是否以同一速度碰撞中球，无关紧要。当速度相等时，作用力不一定相等；而速度不相等时，作用力可以相等，也可以不相等的。总之，這裡重要的是两个物体碰撞前的加速度，而不是速度。

(b)碰撞和回弹過程中，必然经过三个球体的相互作用和变形，因此它们应该是弹体，而非"刚体"，這一点完全同意。

(c)在大、小两球碰撞中球时，如果作用力相等，那么对中球来说，受力平衡。此时中球因大球和小球的碰撞而產生的

$m_{小}$　$m_{中}$　$M_{大}$

a　a

F　F

小　中　大

两个变形部份的变形量及变形速度都将是相等的，中球本身是否还会有"运动"和"加速度"产生？这是值得商讨的问题，在"答案"中没有得到说明。

7) 关于第五个问题，我作如下理解，是否符合原文意思：

① A，B两球开始接触时，$V_A > V_B$。

② A，B两球达到最大变形时，$V_A' = V_B'$。

③ A，B两球重新开始分离时，$V_A'' < V_B''$。

A，B两球开始接触后，即相互受压而变形，重心距离缩短，V_B渐增，V_A渐小，直到两球达到最大变形时，$V_A' = V_B'$，d_2达到最小值。此后V_B继续增长，V_A继续减小，d_2和两球变形亦逐渐变小，直到完全分离。

因此，在两球速度的变化过程中，必然有变形的产生和变化，也确实有动能和弹能的转化过程。这一点"答案"说明很清楚。至于"两球重心距离减少的数量，就是速度大的A比速度小的B所多走的路的数量"一语，是否可以更明确些，指明是在两球达到平衡（速度相等）以前多走的路的数量。

VI）关于第六个问题。世界上确实没有完全不能变形和没有应力产生的"刚体"，关于"刚体"、"刚体静力学"、"刚体动力学"等名词，应如何理解？有没有更恰当更确切的名词来代替它们，值得研究。

VII）关于第七个问题。同意"答案"中的介释，应力和应变没有先后之分，是"孪生兄弟"。但是能量的变化是不是就是它们的"母亲"？是不是先于应力和应变的产生？如果不是的话，那么这只能称是"兄弟"，而不是"母亲"。

VIII）关于第八个问题，同意"答案"中所谈"牛顿三定律中所指的力，是一个东西"的提法。但对于惯性的意义，它的哲学概念，以物体的连续性等问题，尚请你仔细琢磨后，提出意见。

IX）关于第九个问题，我有下列意见：

（a）一个物体在作均速直线运动和作均速圆周运动时，如何理会它们的速度相同和动能相同。因为"速度"和"动能"既然都是向量，就无法理解没有向量的速度和动能，因此也就不可能有相同的直线运动速度和圆周运动速度。当一物体在同一时间内走完直线段"S"和曲线段"S"时，尽管两个"S"和时间都相同，但是它们的速度仍不相同，因为后者已经包括方向的变化，亦即"向心力"，"向心加速度"的影响在内了，因此它们之间的动量亦不一样了。

（b）如（a）节所述，圆周上的动能和直线上的动能不同，其中已包括向心力产生的动能，因此答案中的"能源"（如人的手），应作如何理解？

X）尚未仔细考虑。（关于第十个问题）

□ 原载于《唐山土木副刊》1946年第9期的《谈“工程标准”》一文，是茅以升在母校唐山工业专门学校的演讲，由陈毓汉、路启蕃记录

□ 在杭州主持编写《中国桥梁史》时召开讨论会

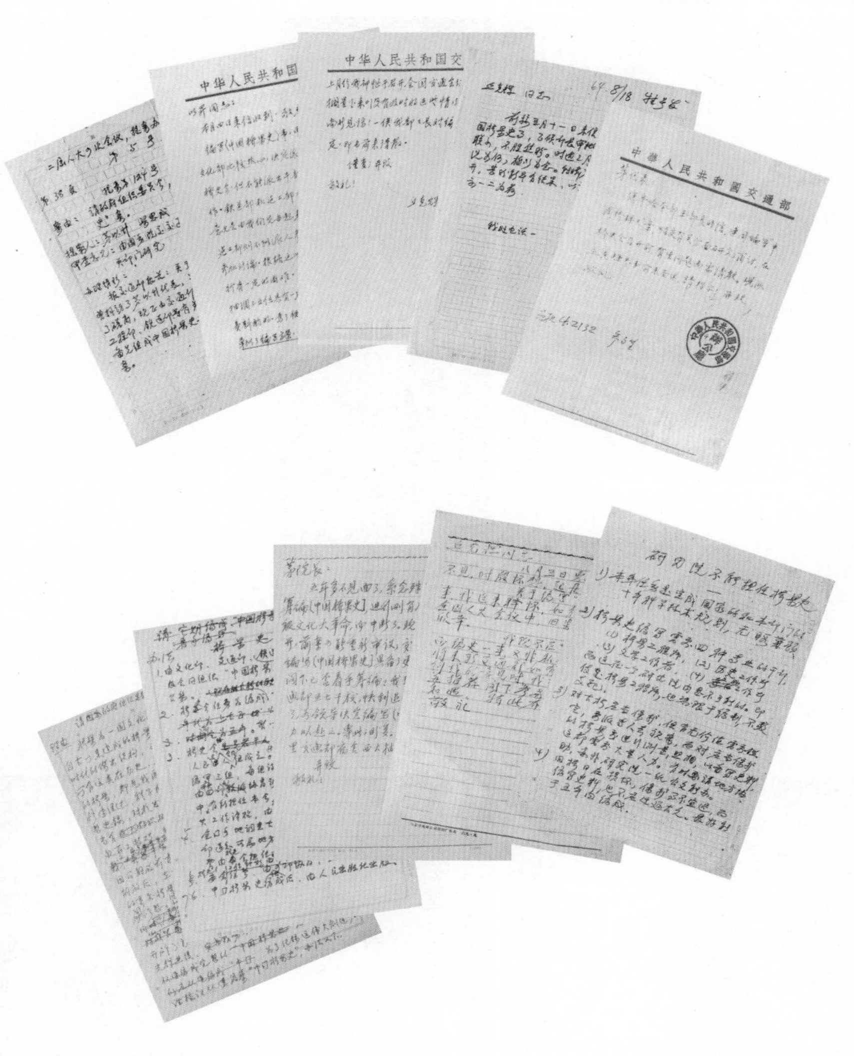

□ 有关编写《中国桥梁史》的信函

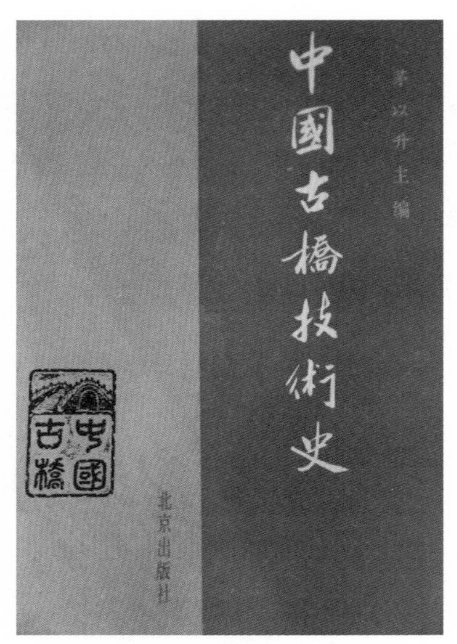

□ 《中国古桥技术史》封面

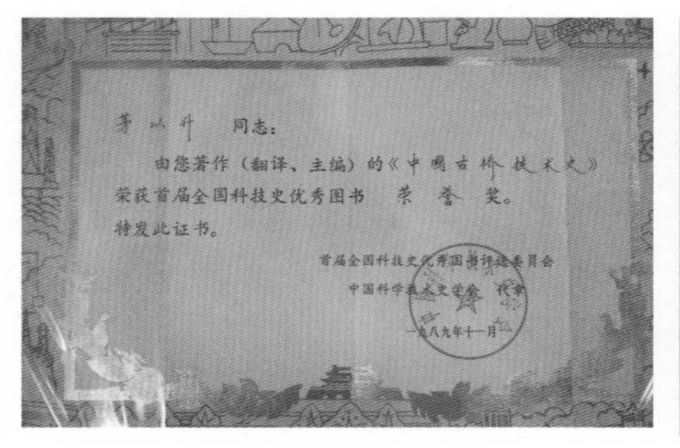

茅以升　同志：

由您著作（翻译、主编）的《中國古桥技术史》荣获首届全国科技史优秀图书　荣　誉　奖。

特发此证书。

首届全国科技史优秀图书评选委员会
中国科学技术史学会　代章
一九八九年十一月

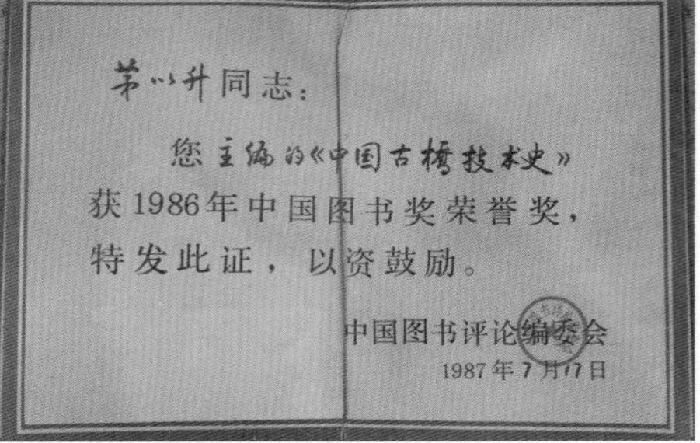

茅以升同志：

您主编的《中国古桥技术史》获1986年中国图书奖荣誉奖，特发此证，以资鼓励。

中国图书评论编委会
1987年7月7日

□ 《中国古桥技术史》获奖证书

□ 武汉长江大桥建桥计划书封面

□ 《武汉长江大桥》手稿

揚
子
江
漢

第一圖
武漢大橋橋址及聯絡路線平面圖
比例尺
一万分之一
武
昌
城

國立交通大學唐山工程學院
TANGSHAN ENGINEERING COLLEGE
NATIONAL CHIAO TUNG UNIVERSITY

Soil Mechanics

P. p. 2.

Lecture IV. Soil Moisture

A soil mass is made up of the solid mineral grains, air, water, and possibly some organic matter (colloids). The amount of water and the form it occurs vary over a wide range.

(A) Types of Soil Moisture

Gravitational
Free Water
Capillary water
Colloid
Adsorbed water
Colloidal water
Solidified water

Surrounding small grain of soil, the water may be classified into

(a) Free Water

(b) Adsorbed or hygroscopic water.

~~(a) Free Water may be of~~ Film moisture

~~(1) Gravitational~~

(a) Free Water. Has the same freezing ... surface tension and viscosity as ordina... exist as

(1) Gravitational Water. Enters to ... owing to gravity. It fills all the pore spa... the effect on soil strength can be ex... hydraulic principle.

(2) Capillary Water. Most importan... Due to the attraction of water for soil s...

國立交通大學唐山工程學院
TANGSHAN ENGINEERING COLLEGE
NATIONAL CHIAO TUNG UNIVERSITY

IV - 2

a tube, a film of molecular thickness is pulled up along the wall of the tube. This film is connected with the skin of the surface of water, so as it moves upward the tube it pulls the adjacent coverings with it, thus causing the formation of a meniscus and exhibiting effect of "surface tension". Water has a surface tension of 0.0764 gram per cm.

The effect of capillary water on an elastic tube may be illustrated. [ ] By evaporating the water, volume is decreased, surface tension begins to act and which produces compression in the wall of the tube and make it shorter. As evaporation continues, the meniscus will recede into the tube [ ] and the tube begins to expand. If at any time the tube is placed in water, meniscus disappears.

Terzaghi has estimated the max. capillary pressure to be 0.306/x grams/sq. cm, where x is a measure of the void size, x^2 being the average area of each opening in sq cm. For soil grains of colloidal material, x may be equal to 0.002 cm. Then the pressure will be 10,000 #/ft².

So shrinkage of a soil may be due to compression due to gradual increase in capillary pressure, while swelling is due to decrease in pressure.

(b) Adsorbed Water. Exist in form of a film which has higher boiling point, lower freezing point, greater surface tension, and more viscous than free water. They may become semi-solid substance of less than $\frac{2}{1,000,000}$ in thick

□ 零散的英文手稿 / 1

國立交通大學唐山工程學院
TANGSHAN ENGINEERING COLLEGE
NATIONAL CHIAO TUNG UNIVERSITY

Soil Mechanics

Lecture V, Some Theoretical Problems

(A) Stress Distribution in Soils

When soil is under load, it is necessary to determine the magnitude and distribution of the stress created in the soil by that load. Assuming ~~a~~ the soil to be ~~composed of~~ a homogeneous, elastic + isotropic solid of indefinite extent and there is a concentrated load P applied normal to the surface.

Boussinesq formula.

Unit stresses at point A in the solid,

Vertical unit stress $= S_z = \frac{P}{2\pi}\cdot\frac{3z^3}{R^5}$

Horizontal " " (parallel to x axis)

$= S_x = \frac{P}{2\pi}\left[\frac{3x^2 z}{R^5} - \ldots\right.$

Horizontal unit stress (p...

$= S_y = \frac{P}{2\pi}\left[\frac{3y^2 z}{R^5} - \ldots\right.$

Maximum unit shear (parallel to ...

Vertical unit shear (perpendicular to z) $= V_r = \ldots$

Horizontal " " (parallel to x) $= V_x = \ldots$

" " (parallel to y) $= V_y = \ldots$

~~In above formulas, m = reciproca...~~

Though soil is composed of grains of heterogeneous ... formulas indicate the fair approximation of the ...

V-2

國立交通大學唐山工程學院
TANGSHAN ENGINEERING COLLEGE
NATIONAL CHIAO TUNG UNIVERSITY

Based on the Boussinesq formula we may draw the stress contours in a solid under load. The pressure lines form a pressure bulb. These lines may be demonstrated in a model by photo elastic method.

To find the actual stress distribution in a soil, there are 2 problems:

(1) The distribution of the pressure applied on the soil.

In the sketch, p is assumed uniformly distributed. It may be true on the surface of the soil. If the foundation is at certain distance below the soil surface the distribution is varied. Kogler, Housel have proposed methods for this pressure distribution acting on the soil below.

Max Shearing Stress — Vertical Stress.

giving an area of pressure — Kogler

Housel — depends on whether the foundation is rigid or flexible.

(2) The relative stiffness, or elastic deformation, of the foundation and ~~soil~~ the supporting soil.

In zone I, there will be permanent deformation of the soil due to foundation load; in zone II, there will be elastic deformation, while in zone III, there will practically be no stress or deformation.

If t is the depth of permanent deformation, zone I may be determined by a circle passing the two edges of the foundation and also a point 't' below the middle of the footing.

This depth t is determined by compressibility of the soil.

□ 零散的英文手稿 / 2

Interstitial

Interstitial Surface for One cubic foot of

grains 1 mm ϕ = 1,000 sq ft, grains 0.02 mm ϕ = 50,000 sq ft or more than 1 acre, grains 0.001 mm ϕ = 1,000,000 sq ft or more than 20 acres.

Time of settling 20 ft. deep water

grains 1 mm ϕ = 6.9 sec, grains 0.1 mm ϕ = 11.6 min, grains 0.01 mm ϕ = 19.3 hrs, grains 0.001 mm ϕ = 80 days, Colloids 0.0001 mm ϕ = 22 years.

Wind will carry grains $\frac{1}{64}$ mm. & less around the Wor

□ 零散的英文手稿 / 3

钱塘江大桥和茅以升的名字紧紧连在一起。

□ 1934年11月11日，茅以升在钱塘江大桥开工典礼上作《钱塘江大桥筹备报告》演讲

錢塘江橋記

錢塘一江滙嚴衢婺三港之水流中受沿境諸江之分注蜿蜒東漸以入於海下游流經杭州蕭山處江面遼闊水流湍急值風濤交作則摧檣折楫行旅憚焉近紀以來一二好義之士發為憫惻設立義渡官府更因而廣其規制吾民由是始稍免於病涉然或潮汐應期雷霆飈風震瀾磕陰霾蔽虧則舟楫之用有時而竭此猶就羈旅所苦言之也乃若近代文明之流播陸行於地實藉鐵道公路展其轍迹今日縱橫亙貫於浙省境內之滬杭甬浙贛兩路及全省之公路網脊為此一江所阻隔諸脈絡截然塞矣歲癸酉曾君養甫服政浙疆拓闢交通引為深憾因力主建橋之議先之以研究繼之以擘劃規擬漸具詢謀僉同既得請於中央政府由鐵部協籌資款復賴地方賢碩及金融界諸君子一致匡贊經始以基將畢益鉅曾未三載事觀厥成橋身修千四百公尺分上下兩層公路鐵道輪軌並達左右坦途往來不悖器材所取鋼鐵為主水泥佐之用資永固總計是役歷時九百餘日用費五百餘萬更萃集千萬人之心力體力殫經頻拄乃克有成方其處治萬難紛乘衆險環伺使非主事者之計周慮決屹然不撓則荊棘間出波瀾疊興中道頓躓容更倍蓰其事既竟而迴顧向者所經磈砢犖确之境蓋蔑如也君子觀此其知治事之本矣世間艱鉅之業理無倖致險阻艱危勢所應有惟能積大誠奮大勇以將之不餒其氣不易其信暴流得伏是用底績循是以進何功不克夫豈特一橋而已總理垂訓知難行易昔人有言人定勝天彼西方文明之精神所在亦惟奮人力與自然抗且進而征服之耳斯橋之成蓋信乎力行之必有獲而人工創造之力之偉洵足以彌造化之缺憾增蒸民之福祉也登斯橋者睹結構之閎偉緬經營之不易其必躍然於斯世斯民之所亟共興濟川作楫之懷而伏舉國咸登坦蕩康莊之域則是橋固以振奮疲荼激揚志氣以取法於行健不息之義復興之道其在斯矣

中華民國二十六年八月　日　蔣中正記

□ 1937年8月，蒋中正先生题写《钱塘江桥记》

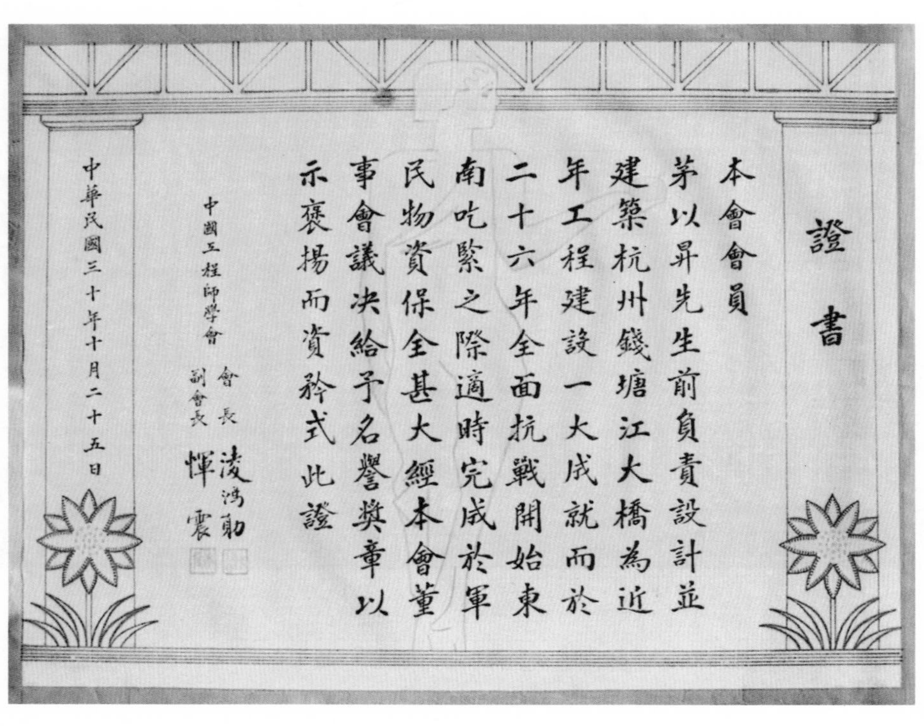

證書

本會會員

茅以昇先生前負責設計並

建築杭州錢塘江大橋為近

年工程建設一大成就而於

二十六年全面抗戰開始東

南吃緊之際適時完成於軍

民物資保全甚大經本會董

事會議決給予名譽獎章以

示褒揚而資矜式此證

中國工程師學會

會長 凌鴻勛

副會長 惲震

中華民國三十年十月二十五日

□ 1941年，中国工程师学会发给茅以升的获奖证书，表彰他对建筑钱塘江大桥的贡献

□ 钱塘江桥挂毯

□ 陪同中外人士参观钱塘江大桥

□ 陪同后任浙江省建设厅厅长的伍廷飏视察钱塘江大桥建设现场

□ 陪同兴业银行董事长徐新六（中）参观钢梁组装

□ 茅以升（右二）、罗英（右一）、康益洋行老板康立德、沪杭甬铁路副总工程师怀德好施（左一）在钢梁工地

□ 茅以升（右二）陪同曾养甫（中）和中外人士视察钱塘江南岸施工现场

□ 茅以升（右三）、罗英（右四）陪同杭州市商会会长金润泉等人参观

□ 1936年1月，茅以升（右一）、罗英（右三）陪同铁道部部长张公权（中）一行视察钱塘江南岸打桩工地

□ 1937年10月，茅以升（左一）、罗英（右二）陪同两路局黄局长（左二）视察钱塘江大桥

□ 茅以升（右一）陪同某银行董事长参观钱塘江大桥

□ 旧公文袋

錢塘江橋工程處

CHIEN TANG RIVER BRIDGE

ENGINEERING OFFICE

標 書

TENDER FORMS

杭 州 鎮 東 樓

Chen Tung Lou, Hangchow, China.

□ 钱塘江桥工程处标书封面

錢塘江橋工程攝影

第一輯

錢塘江橋工程處

民國二十五年五月

錢塘江橋工程攝影

第二輯

錢塘江橋工程處

民國二十六年五月

□ 《钱塘江桥工程摄影》封面

□ 《钱塘江桥摄影》（英文版）封面

□ 茅以升敬赠母校留存的《钱塘江建桥计划书》封面及扉页

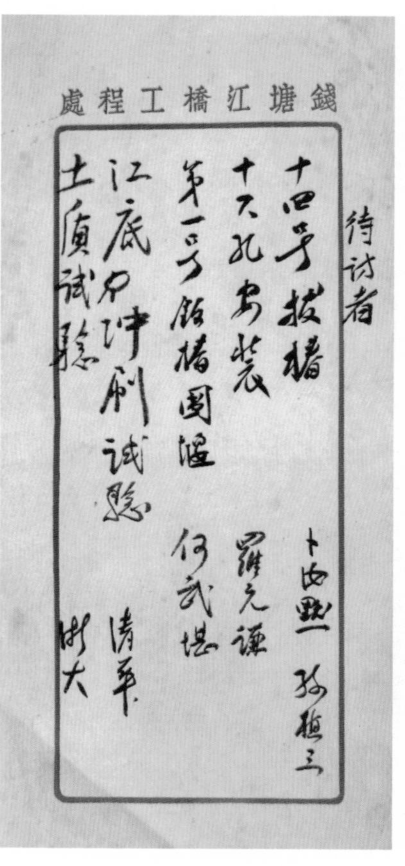

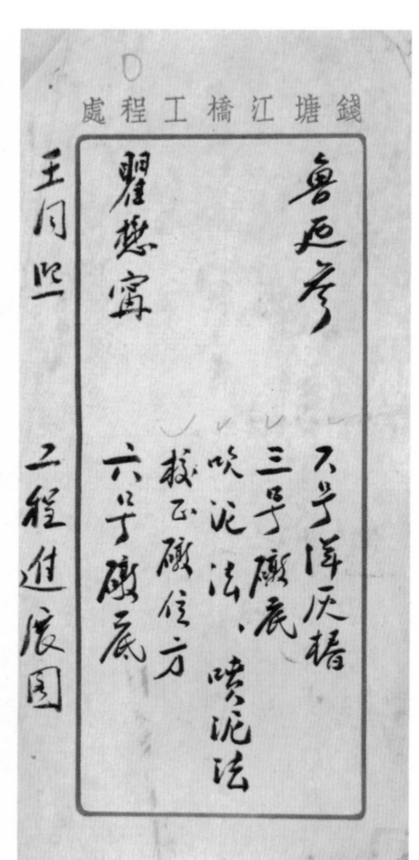

□ 钱塘江桥建造时期的便签

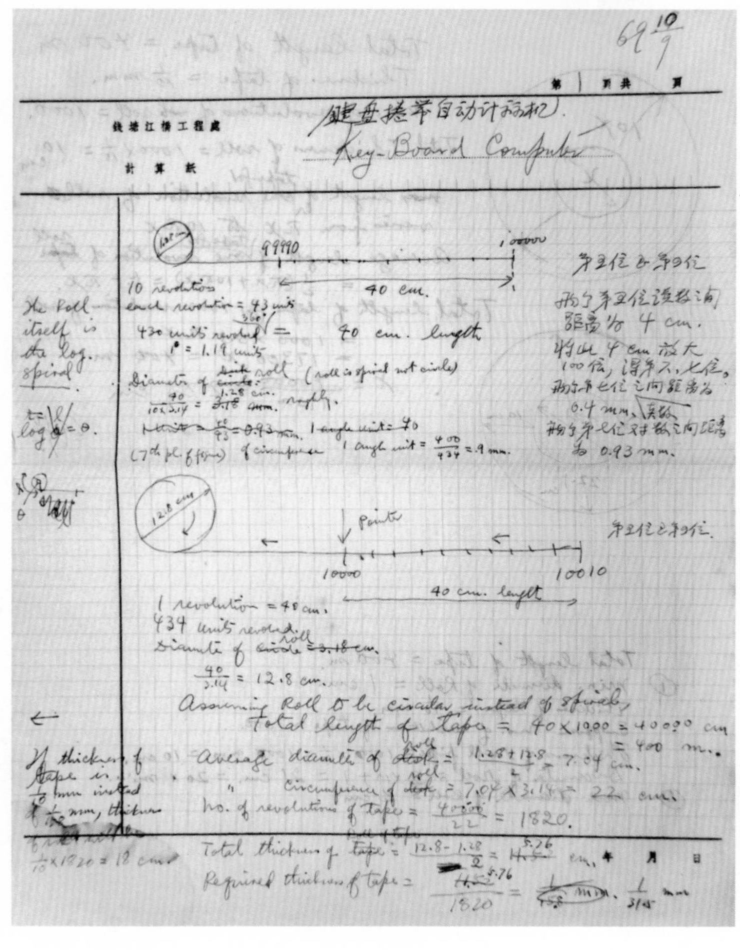

第　页共　页

钱塘江桥工程处

计算纸

键盘搭笔自动计标机

Key-Board Computer

99990　100000

40 cm.

10 revolutions

each revolution = 43 units

430 units revolved = 40 cm. length

Diameter of roll (roll is spiral not circle)

1 angle unit = .9 mm.

The Roll itself is the log. spiral

10000　10010

40 cm. length

1 revolution = 40 cm.

434 units revolved

Diameter of roll

$\frac{40}{3.14}$ = 12.8 cm.

Assuming Roll to be circular instead of spiral,

Total length of tape = 40 × 1000 = 40000 cm = 400 m.

Average diameter of roll = $\frac{1.28+12.8}{2}$ = 7.04 cm.

" Circumference of roll = 7.04 × 3.14 = 22 cm.

No. of revolutions of tape = $\frac{40000}{22}$ = 1820.

Total thickness of tape = $\frac{12.8-1.28}{2}$ = 5.76 cm.

Required thickness of tape = $\frac{5.76}{1820}$ = $\frac{1}{315}$ mm.

年　月　日

□ 钱塘江桥建造时期的部分计算纸　/ 1

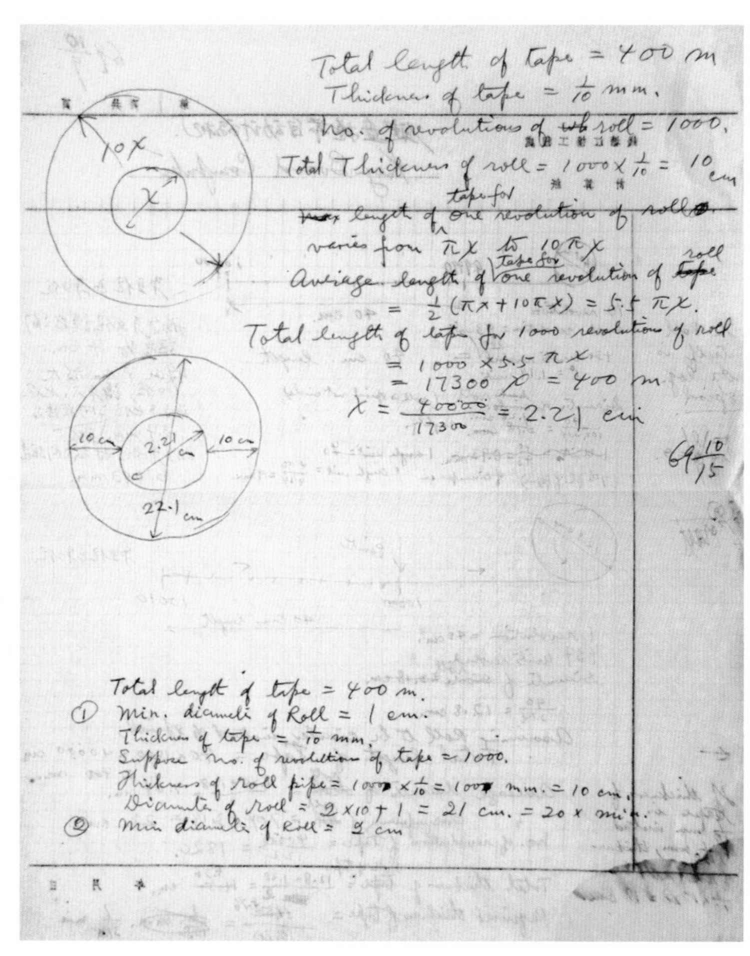

Total length of tape = 400 m
Thickness of tape = 1/10 mm.
No. of revolutions of roll = 1000.
Total Thickness of roll = 1000 × 1/10 = 10 cm
length of tape for one revolution of roll
varies from πx to 10πx
Average length of tape for one revolution of roll
= 1/2 (πx + 10πx) = 5.5 πx.
Total length of tape for 1000 revolution of roll
= 1000 × 5.5 πx
= 17300 x = 400 m
x = 40000/17300 = 2.21 cm
10x
x
10 cm
2.21 cm
10 cm
22.1 cm
69 10/15
Total length of tape = 400 m.
① Min. diameter of Roll = 1 cm.
Thickness of tape = 1/10 mm.
Suppose no. of revolution of tape = 1000.
Thickness of roll pipe = 1000 × 1/10 = 100 mm. = 10 cm.
Diameter of roll = 2×10 + 1 = 21 cm. = 20 × min.
② Min diameter of Roll = 2 cm

□ 钱塘江桥建造时期的部分计算纸 / 2

10,000 revolutions

61/17

第　　页共　　页

钱塘江桥工程处

计　算　纸

Revolution Order	Travel of no. wheel Start	Finish	Distance mm	Diam. mm
0001	100000	100023	23	7.32
0002	100023	100046	23	
0003	100046	100069	23	
0004	100069	100092	23	
0005	100092	100115	23	
0006	100115	100138	23	
0007	100138	100161	23	
0008	100161	100184	23	
0009	100184	100207	23	
0010	100207	100230	23	
0010	100207	100230	23	
0011	100230	100253	23	
0012				
0013				
0014				
0015				
0016				
0017				
0018				
0019	100415	100438	23	
0020	100438	100462	24	
0090	102071	102094	23	
0091				
0092				
0093				
0094				
0095				
0096				
0097				
0098				
0099	102282	102306	24	
0100	102306	102329	23.	

年　月　日

□ 钱塘江桥建造时期的部分计算纸 / 3

① 100 Revolutions (3 sheets) 10/16

第 頁共 頁

钱塘江橋工程處 計算紙

Travel of Num. wheel for ~~each Centigrade total~~ of 100 revolution of log. spiral.

Order of Revolution	Reading of number at end of rev.	Travel of Wheel	Diameter mm. ~~Total 10 Centigrade~~, 1 mm
01	10233	233 (1.0)	Diameter = 74
02	10471	237	
03	10716	245	
04	10965	249	
05	11221	256	
06	11482	261	
07	11749	267	
08	12023	274	
09	12303	280	
10	12590	287	2590 (1.00)
11	12883	293	
12	13183	300	
13	13490	307	
14	13804	314	
15	14126	322	
16	14455	329	315
17	14792	337 (16)	104
18	15136	344	
19	15489	353	
20	15849	360	3259 (1.25)
21	16219	370	
22	16596	377	
23	16983	387	
24	17379	396	
25	17783	404	
26	18198	415	
27	18621	423	
28	19055	434	905 (28) 138.0
29	19499	444	(12) 138
30	19953	454	4104 (1.5)
31	20418	465	
32	20893	475	
33	21380	487	
34	21878	498	
35	22388	510	
36	22909	521	
37	23443	534	

年 月 日

□ 钱塘江桥建造时期的部分计算纸 / 4

第　　頁共　　頁

錢塘江橋工程處

計算紙

Order of Revolution	Reading of number at end of rev.	Travel of wheel.	Total, 10 ~~Continued~~ rev.
38	23989	546	(10) 174.
39	24548	559 4934	
40	25119	571	5166 (2.0)
41	25704	585	
42	26303	599	
43	26916	613	
44	27543	627	
45	28184	641 4185	(7) 203
46	28841	657 4929	204
47	29513	672 (17)	
48	30200	687	
49	30903	703	travels
50	31623	720	6504 (2.5) 20.
51	32360	737	Total, 50 rev, travel = 31623.
52	33114	754	
53	33885	771 4930	(7) 240
54	34674	789	
55	35482	808	
56	36308	826	
57	37154	846 4040	(5) 268. 268
58	38019	865 4970	
59	38905	886 (12)	
60	39811	906	8188 (3.15)
61	40739	928	
62	41687	948	
63	42658	971 4833	(5) 301
64	43652	994	
65	44669	1017	
66	45709	1040	
67	46774	1065 5087	(5) 338 338.
68	47864	1090 4620	
69	48978	1114 (10)	
70	50119	1141	10308 (3.97)

年　月　日

□ 钱塘江桥建造时期的部分计算纸 / 5

第　　頁共　　頁

錢塘江橋工程處

計　算　紙

Order of Revolution	Reading of number at end of rev.	Travel of wheel	Total, 10 rev.
71	51287	1168	(4) 372.
72	52481	1194	
73	53704	1223	
74	54955	1251	(4) 407
75	56235	1280	406.
76	57544	1309	
77	58885	1341 (8)	
78	60256	1371	
79	61660	1404	(3) 436.
80	63096	1436	12977 (4.99)
81	64566	1470	(3) 468
82	66070	1504	467
83	67609	1539 (6)	
84	69184	1575	(3) 500.
85	70795	1611	
86	72444	1649	(3) 536
87	74132	1688	537
88	75858	1726	
89	77625	1767 (6)	
90	79433	1808	16337 (6.6)
91	81284	1851	(3) 575
92	83177	1893	(2) 600. 601
93	85114	1937	
94	87097	1983 (5)	(2) 631
95	89126	2029	
96	91202	2076	(2) 661 661
97	93326	2124	
98	95500	2174 (4)	(2) 680
99	97724	2224	(7.85)
100	100000	2276 (9.8)	20567, diam. 725
		8799 4500 89900	90000 723 725

diam of 91 = 587
" " 100 = 725
Increase = 138
average = 13.8
thickness = ½ 13.8
= 6.9
= .69 mm

For 100 revolutions, diam. of 1st rev = 74
" " 100th " = 725.

年　月　日

For 100 rev. thickness ≐ 6 mm
For 1000 rev. " ½ 0.6 mm

An increase of 651, or 6.51 for each rev.
If 1st rev. is 7.4 cm, thickness of film = 0.6 cm 0.08 mm or

□ 钱塘江桥建造时期的部分计算纸 / 6

70 4/10

第　页共　页

钱塘江桥工程处

计算纸

收盘时捲带情况

上盘

页数	带长	旋转号数	最初直径 v=1	v=1.5
100000 ↓ 425000 (带正面)	325m	628	73	48.5

	带圈长度	最大直径 v=1	v=1.5
628 - 424619 / 629 - 425598	979/圈	311	206.

带盘厚度 = ½(206-48) = 79.　79/628 = 1/7.95

下盘

页数	带长	旋转号数	最初直径 v=1	v=1.5
550000 | 675000 (带反面)	125m	829	402	161

	带圈长度	最大直径 v=1	v=2.5
829 - 674528 / 830 - 676083	1555/圈	493	197.

带盘厚度 = ½(197-161) = 18.　18/171 = 1/9.5

1000-829=171

上盘　旋转628圈　带长325m　79　48　206

下盘　旋转171圈　带长125m　18　161　197

年　月　日

□ 钱塘江桥建造时期的部分计算纸 / 7

第 頁共 頁

錢塘江橋工程處

計 算 紙

Order of Revolution	Reading of number at end of rev.	Travel of wheel	Total, 10 Contiguous rev.
71	51287	1168	(4) 372.
72	52481	1194 4813	
73	53704	1223	
74	54955	1251	(4) 407
75	56235	1280 4948	406.
76	57544	1309 9461	
77	58885	1341 (8)	
78	60256	1371	(3) 436.
79	61660	1404 4021	
80	63096	1436	12977 (4.99)
81	64566	1470 4310	(3) 468
82	66070	1504 8331	467
83	67609	1539 (6)	
84	69184	1575	(3) 500.
85	70795	1611 4618	
86	72444	1649	(3) 536
87	74132	1688 4948	537
88	75858	1726 9566	
89	77625	1767 (6)	
90	79433	1808	16337 (6.6)
		5301 (3)	525
91	81284	1851	
92	83177	1893 3744	(2) 600. 601
93	85114	1937 9045	
94	87097	1983 (5)	(2) 631
95	89126	2029 3920	
96	91202	2076 4105	(2) 661 661
97	93326	2124 8025	
98	95500	2174 (4)	(2) 680
99	97724	2224 4298	(7.85)
100	100000	2276 (9.8)	20567, diam. 725.
		8749 4500 89900	(9) 90000 723 725

diam of 91 = 587
" 100 = 725
Distance = 138
Average = 13.8
thickness = ½ 13.8
= 6.9
= .69 mm

For 100 revolutions diam. of 1st rev = 74
" " 100th " = 725.
For 100 rev. thickness ≒ 6 mm | An increase of 651, or 6.51 for each rev.
For 1000 rev. " ½ 0.6 mm | Of 1st rev. is 7.4 cm, thickness of film = 0.6 mm

年 月 日

□ 钱塘江桥建造时期的部分计算纸 / 8

10/13

第　　頁共　　頁

錢塘江橋工程處

計　算　紙

(1) 1st pl. of figure

10000	0000000	3010300
20000	3010300	1760913
30000	4771213	1249387
40000	6020600	969100
50000	6989700	800543
60000	7781513	669467
70000	8450980	579920
80000	9030900	511525
90000	9542425	457574
100000	0000000	

(2) 2nd pl. of figure

10000	0000000	413927
11000	0413927	377885
12000	0791812	347622
13000	1139434	321846
14000	1461280	299633
15000	1760913	280287
16000	2041200	263289
17000	2304489	248236
18000	2552725	234811
19000	2787536	

(3) 3rd pl. of figure

10000	0000000	43214
10100	0043214	42788
10200	0086002	42370
10300	0128372	41961
10400	0170333	41560
10500	0211893	41166
10600	0253059	40779
10700	0293838	40400
10800	0334238	40027
10900	0374265	

(4) 4th pl. of figures

10000	0000000	4341
10010	0004341	4336
10020	0008677	4332
10030	0013009	4328
10040	0017337	4324
10050	0021661	4319
10060	0025980	4315
10070	0030295	4310
10080	0034605	4307
10090	0038912	

(5) 5th pl. of figure

10000	0000000	434
10001	0000434	435
10002	0000869	434
10003	0001303	434
10004	0001737	434
10005	0002171	434
10006	0002605	434
10007	0003039	434
10008	0003473	434
10009	0003907	

年　　月　　日

□ 钱塘江桥建造时期的部分计算纸 / 9

10/13

第　页共　页

钱塘江桥工程处

计　算　纸

(6) 2nd pl. of figures.

90000 - 9542425 > 47989
91000 - 9590414 > 47464
92000 - 9637878 > 46951
93000 - 9684829 > 46450
94000 - 9731279 > 45957
95000 - 9777236 > 45476
96000 - 9822712 > 45005
97000 - 9867717 > 44544
98000 - 9912261 > 44091
99000 - 9956352

(7) 3rd pl. of figures.

99000 - 9956352 > 4385
99100 - 9960737 > 4380
99200 - 9965117 > 4375
99300 - 9969492 > 4372
99400 - 9973864 > 4367
99500 - 9978231 > 4362
99600 - 9982593 > 4359
99700 - 9986952 > 4353
99800 - 9991305 > 4350
99900 - 9995655

(8) 4th pl. of figure

99900 - 9995655 > 435
99910 - 9996090 > 434
99920 - 9996524 > 435
99930 - 9996959 > 434
99940 - 9997393 > 435
99950 - 9997828 > 434
99960 - 9998262 > 435
99970 - 9998697 > 434
99980 - 9999131 > 435
99990 - 9999566

(9) 5th pl. of figure

99990 - 9999566 > 43
99991 - 9999609 > 44
99992 - 9999653 > 43
99993 - 9999696 > 43
99994 - 9999739 > 44
99995 - 9999783 > 43
99996 - 9999826 > 44
99997 - 9999870 > 43
99998 - 9999913 > 44
99999 - 9999957

年　月　日

□ 钱塘江桥建造时期的部分计算纸 / 10

$68\frac{10}{4} - 69\frac{10}{31}$

第　　页共　　页

钱塘江桥工程处

计算纸

Commutative Method of using Proportional Parts.

Using 7 place logarithm.

Example. 1379658 × 3468972 × 9458735 = 4526946

(1) Ordinary Method.

(1379658) ≡ 1397532 + .58 × 314 = 1397532 + 182.1
(3468972) ≡ 5401918 + .72 × 125 = 5401918 + 90.5
(9458735) ≡ 9758315 + .35 × 46 = 9758315 + 16.3

(4526946) ≡ 6558054 = 6557765 + 288.9
(4526900) ≡ 6558009
Dif = 96　　45　　45/96 = 46*

(2) Commutative Method,

(1379000) ≡ 1395643　　.658 × 3148 = 2071
(3468000) ≡ 5400791　　.972 × 1252 = 1217
(9458000) ≡ 9757993　　.735 × 459 = 337
(4523168) ≡ 6554427　　3625
(4523000) ≡ 6554266　Dif　　3625/960 = 3776 + 168
Dif = 960　　161　　161/.96 = 168　　3944. 4523000 4526944.

(4523000) ≡ 6554266
From 1st 4 figures → (168) ≡ 161
From last 3 figures → (3776) ≡ 3625
(4526944) ≡ 6558052

(3) From 1st method, product = (4526946) ≡ 6558054
From 2nd method, product = (4526944) ≡ 6558052.
Discrepancy = 000002.

年　月　日

(1) 是从第六位起"线性化".
(2) 是从第五位起"线性化".
差数 000002 大半由於第五位的"线性化".

□ 钱塘江桥建造时期的部分计算纸 / 11

□ 1937年，为抵御日寇，茅以升挥泪炸断了刚通车一个月的钱塘江大桥

□ 重修后的钱塘江大桥

□ 六和塔与钱塘江桥旧影

□ 六和塔旁，钱塘江上，钱塘江大桥历经风雨依然屹立

□ 钱塘江桥守桥战士

1985年，茅以升在视察钱塘江大桥时，发现钱塘江桥已成重要运输通道，其运输量已经超过当初桥梁设计的负载，出于安全考虑，茅以升写信给时任国家经委主任的吕东，建议加固钱塘江桥，并修造钱塘江第二大桥。

吕东主任：

最近我往杭州开会，顺便视察了钱塘江大桥，该桥上运输日益繁重，每天过桥火车达210列，汽车800多辆，有日益增多之势，超出了当年设计指标。联想到此桥在抗日战争中，曾为我方自动炸毁，不能不影响其载重能力。虽经修理恢复，仍恐不能适应目前增长的运输要求。

据浙江省经济委员会同志云，[illegible]人

据[illegible]一年度[illegible]后，对大桥的运输[illegible]以控制，[illegible]以加以限制，

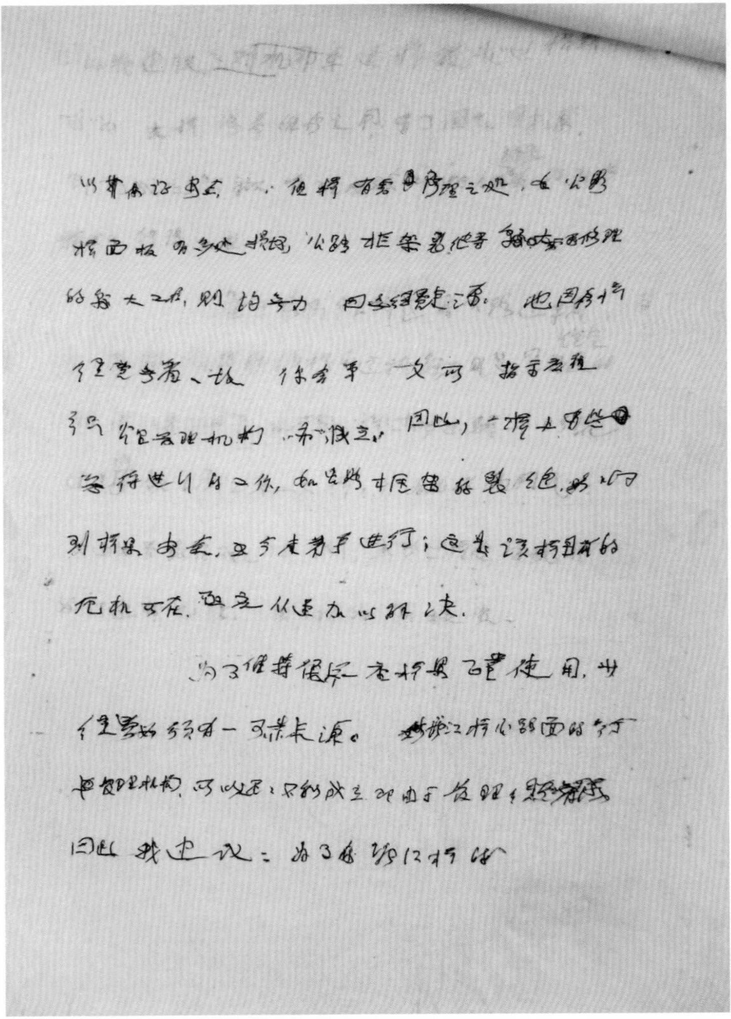

因此我建议：对机动车过桥征收过桥费作为大桥修养维修之用。为了国之财源即可成立公路管理委员会，加强公路桥面及引桥桥头的修复工程。

鉴于东西经陆只有火路运输，且为增加南北两岸的运输能力，则应另建公铁合建的，故浙江省政府已在考虑将过桥工程早日兴建公路铁路的第二大桥，仍为公铁两用式。

火速筹资最好列入75计划，或以过桥费为抵押向银行进行借贷，或以招外商投资。

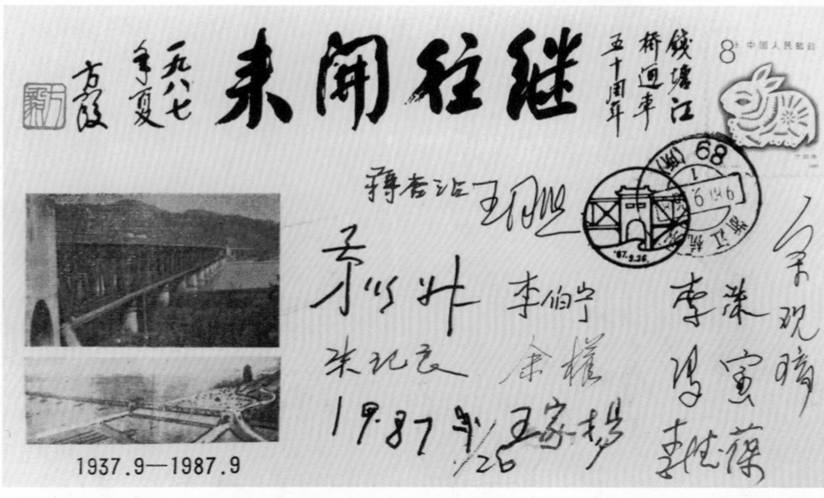

1987年9月26日是钱塘江桥通车五十周年纪念日。大桥的建成，显示了中国人民的智慧，开创了我国自行设计和建造大桥的先声；并为华东地区的铁路和公路的繁重运输作出了巨大的贡献；在四化建设中继续发挥一定的威力。追思往昔，瞻望未来，钱塘江桥始终是我国的一件瑰宝。值此佳期，由上海市铁道学会和上海铁路文化宫集邮协会联合印制纪念封一枚，以资纪念并志其功绩。

题词　方　毅
设计　庄根生

上海市铁道学会
上海铁路文化宫集邮协会
封14—300

□ 钱塘江桥建桥通车五十周年纪念封

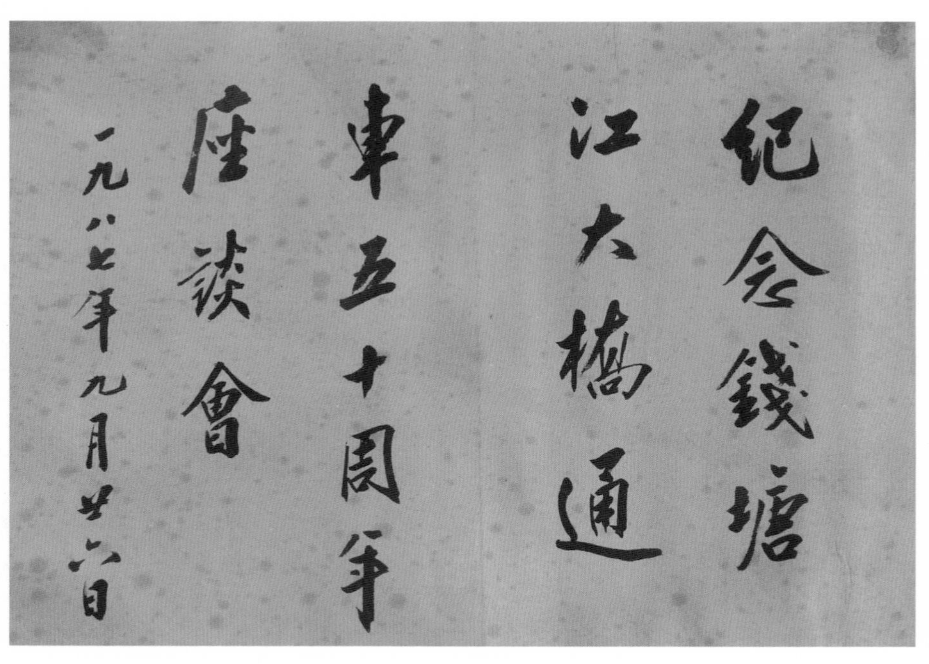

□ 纪念钱塘江大桥通车五十周年茅以升题词